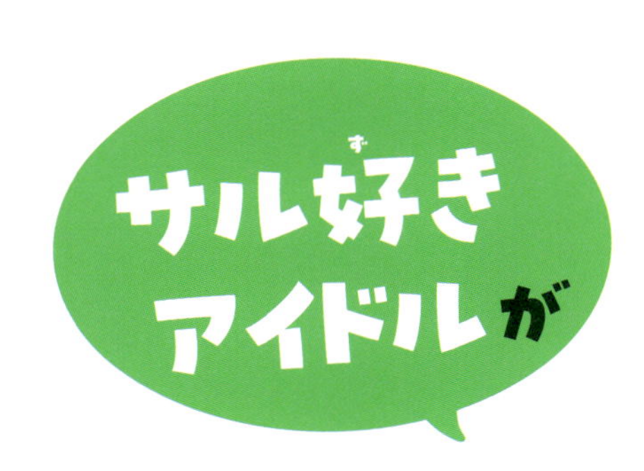

飼育員さんに聞いてみた

水田詩織（NMB48）

イラスト／阿野隆平
（日本モンキーセンター飼育員）

くもん出版

おサル
サイコー！

はじめに

サルを知ることはヒトを知ること

わたしはアイドルグループNMB48のメンバーで、水田詩織といいます。ふだんは歌ったり、おどったりしていますが、大阪が活動の中心なので“お笑い”を求められることもあったりします。そんなある日、リアルすぎるゴリラのモノマネをしたことがきっかけで、「サル、ゴリラキャラ」という水田詩織のイメージが生まれました。そして、ファンのみなさんの間で、じょじょにそのイメージがふくらんでいったのです。

するとわたしは、「もっとじょうずにモノマネをしたい！」と思うようになり、まずはゴリラの動きかたを研究しようとして、日本モンキーセンターのSNSを見つけたのです。最初はニシゴリラについての発信だけを見ていたのですが、毎日アップされるほかのサルのかわいさや、飼育員さんのサル愛にあふれたひとことなどを見ているうちに、少しずつサル沼にハマっていきました。

そうしてサル沼にどっぷりとつかったわたしが、動物園でサルたちを観察していると、心の中にむくむくとわいてくる「とにかく、かわいい！」「すごくやばい！」という熱い気持ちがあります。でも、それをまわりの人たちにじょうずに伝えるのはすごくむずかしいことなのです。
「まぁたしかに、見た目はかわいい」
「動きはやばい、かもだけど……」
　反応(はんのう)がそこまでなのが、すごくもどかしい……。だから、たくさんの人にサルのことをもっと、もっと「かわいい！」と思ってもらい、その先の深いところにある魅力(みりょく)をみなさんに広めたい気持ちが日々強くなっています。

　じつは、そんなわたしも以前(いぜん)はなにも趣味(しゅみ)がなく、アイドル活動以外に熱中(ねっちゅう)できることはありませんでした。せっかくの休みの日なのに、これといってしたいことがなく、「なにか、楽しいと思えることや、心からワクワクするようなことを見つけたいなぁ」と思っていたのです。そんなわたしがサルと出会い、サル沼にハマり、年間パスポートをゲットして毎日のように動物園に行くようになったのです。
　サルをどんどん知ることでワクワクする気持ちになったり、すてきな趣味をもつことができたりして、わたしの日々にサルが彩(いろど)りをくわえてくれました。
　わたしはアイドルである前に、みなさんと同じヒトです。ヒトは、わたしたち人間の生物としての名前です。ひとりのヒトの生きかたにまで影響(えいきょう)をおよぼしてくれたサルたち。わたしが、サルのどの部分にひかれたのかをみなさんに知っていただきたいのです。

みなさんにサルの魅力を伝えたい、広めたいと思っているわたしの頭の中には、サルを観察するたびに「ふしぎだなぁ……」「どうしてなの？」「ぜったいに知りたい！」と思うことがどんどんあふれでてきます。

そんなときにご猿（縁）があって、サルの飼育員さんにわたしのためこんだ「知りたい」を聞けるチャンスが到来しました！すてきなご猿（縁）に感謝の気持ちでいっぱいです。

サル沼にはまったわたしがサル愛をこめて話すことで、みなさんが動物園でサルを見るときのポイントがわかったり、もっと、もっと楽しみながら興味をもてるように、サルたちの魅力が伝わればいいなと思っています。

わたしがまわりの人にサルの話をするときや、「サルのどこが好きなの？」と聞かれたときにまず口にするのは、「サルを知ることはヒトを知ること」です。きっとみなさんは、「ん？どういうこと？」と思うでしょう。でも、それでいいですよ。この本を読んでいくうちに、きっとその意味がわかってもらえるはずなので。

水田詩織

もくじ

1 だからサルが好き

2 サルのことがもっと知りたい

3 サルとヒト、ここがちがう

4 動物園の仕事を見てみた

5 動物園を楽しもう

これからの水田詩織さんやサル沼のみなさんへ

1

だから サルが好(す)き

なぜ、おサルさんとよばないの？

水田(みずた)　わたしが大好(だいす)きな動物園にやってきました！

飼育員(しいくいん)　水田さんは、とくにサルのなかまが好きだと聞きました。

はい！　おサルさんはいくら見ていても、見あきることがないですね。一日じゅう、動物園にいることもあります。

それはもう、筋金入(すじがねい)りのサル類推(るいお)しですね。

あの……、さっきから“サルのなかま”とか“サル類”とか、ちょっと気になります……。世話をして、身近に接(せっ)しているのに“おサルさん”ってよばないんですか？

サルって、英語(えいご)でなんていいますか？

Monkey(モンキー)……、ですよね。

はい。でも、チンパンジーはMonkeyじゃないんです。

えっ！　えっ……、どういうこと？

チンパンジーはApe（エイプ）なんです。

エ・イ・プ……？　はじめて聞くことばです。

Apeは、ヒト以外（いがい）の類人猿（るいじんえん）のことをさします。テナガザルやオランウータン……。

わたしがお気に入りのゴリラもですね。

はい、そうです。サルということばからは、どうしてもMonkeyをイメージしませんか。そうすると、ゴリラたちがはずれてしまう……。

あっ、そういうことか……。

だから、わたしたちは「類」や「なかま」をつけてよび、そこに類人猿がちゃんとふくまれるようにしているんです。でもみなさんは、「サル」とか、親しみをこめて「おサルさん」とよんでもらっていいですよ。

わかったこと

「サル」とよびながらも、MonkeyとApeがいると知っていることが大事なんですね。

“サルといえばバナナ”のまちがい

水田（みずた）　サルが主人公の絵本がたくさんあって、バナナがいっしょにかかれていたりします。ゴリラがおいしそうにバナナを食べていたり……。

飼育員（しいくいん）　じつは、ゴリラといえばバナナというのは正しくないんですよ。

えっ、そうなんですか……。

そもそも、野生のバナナはアジアにある植物なので、アフリカにすむゴリラが野生のバナナを見ることはないんですね。

ああ、そうか……。でも、えさであたえたりするんですか？

いいえ。わたしたちが食べるバナナはカロリーが高く、糖分（とうぶん）が多くてあまいです。ゴリラの健康（けんこう）を考えると、ふつうはあたえないですね。京都市（きょうとし）動物園でバナナの葉っぱをえさにくわえたときは、おいしそうに食べていました。

葉っぱもバナナの味だったんですかね？

大好きなバショウという植物がバナナのなかまで、葉っぱがよく似ています。それだと思って食べていたかもしれません。

なんだか、かわいい。動画の撮影で飼育員さんの仕事体験をしたとき、バーバリーマカクのために、フルーツをたくさんのせたプレートをつくりました。サル舎を引っこししたお祝いでした。

特別な日に、サルたちにくだものをあたえることはありますね。本来、あまいものが大好きなので、よろこんで口に入れます。

いつもは、どんなえさをあたえるんですか？

たとえば、野生のゴリラはショウガの葉やタケノコなどを食べているから、動物園でも野菜や木の葉っぱ、草が中心です。

サルにあたえるえさで、ちょっとかわったものはありますか？

虫を食べるサルのなかまにはコオロギとか。樹液（木からしみ出る液体）を食べるサルのなかまには、木の樹脂からつくったガムとか。わたしたちはいつも、サルたちの健康を第一に考えています。

わかったこと

サルによって、食べ物はいろいろなんですね。
飼育員さんたちの、健康を気づかう愛情も
よくわかりました。

よく見ると、いろんなサルがいてふしぎ

動物園で観察していると、サルといっても見た目がほんとうにいろいろで、すごくふしぎです。

パッと見でわかる体の大きさだと、わたしが動物園で見た最小は、両手のひらにのるサイズのショウガラゴやレッサースローロリス。最大は、わたしよりはるかに大きいニシゴリラ。この差って、すごくないですか！

みなさんのサルのイメージは茶色や黒色？　いえいえ、毛の色が美しいサルがたくさんいますよ。とくにすてきだなぁと感じたのは、ワオキツネザル、ブラッザグエノン、シロテテナガザルです。しっぽのしましまが印象的なワオキツネザルの体は、全体的に灰色っぽいけれど、背中は少し茶色かったりするんですよ。いろんな色がまざっていて、きれいです。ブラッザグエノンは、おでこあたりにあるオレンジ色っぽい毛が美しいです。シロテテナガザルは顔と手の毛は白色なのに、それ以外の部分はクリーム色や茶色、黒色などさまざま。とくにクリーム色は、顔のまわりの白い毛との組みあわせですごくかわいく見えて、好きだなぁ。

しっぽはどのサルにもあると思っていたので、ゴリラやチンパンジー、テナガザルなどの類人猿にはないと飼育員さんから教えてもらい、ビックリ！　長いのは、フランソワルトンで

１メートル近くもあったりします。バーバリーマカクのしっぽは短すぎて、ほとんど見えないそうです。

　動画の撮影で許可をもらい、高いところにいるジェフロイクモザルにえさを投げたことがあります。しっぽをまきつけてぶら下がり、じょうずにキャッチしてくれました。わたしが大好きなフサオマキザルもしっぽは長いけれど、まきつけることはできても、ぶら下がれないそうです。しっぽといっても長さや形、色、使いかたがいろいろなので、ぜひ観察してみてください。

　声もサルによってちがいます。フクロテナガザルは、なんと数キロ先までとどく大きな声で歌うんですよ！　クロシロエリマキキツネザルがものすごく元気に声を出しているのを動物園で聞いたことがあって、そのパワーのすごさにおどろきました。なわばりを主張するためだそうです。まだ声を聞いたことがないサルもたくさんいるから、楽しみ。サルたちは声を出してコミュニケーションをとっているので、その声に耳をかたむけてみることもおすすめします。

サルのこんなしぐさがたまらず好き！

長い手足をしているサルを見ていると、「あっ、そんなふうに使うのね」と感心してしまいます。横になるときは長いうでをクッションのように使っていたり、長い手足を全部使ったすごい体勢で天井からぶら下がっていたりします。すわったままで手をギュッとのばし、はなれたところにあるごはんをつかんだりするのを見ると、「わぁ、便利だな」と思います。

体育ずわりをしているところもよく目にしますが、わたしたちがいじけているような体育ずわりに見えて、なんだかかわいいです。

テナガザルがなかまどうしで抱きあうように手足をからめ、じっとしている姿をよく目にします。寝ているのかな……、わかりません。なんだか愛を感じるし、「あっ、わたしのまわりにいてくれる、抱きしめたいくらいたいせつな人たちにたくさ

んの感謝を伝えながら生きていきたい」と思ったりします。固まって寒さをしのいでいたり、毛づくろいをしていたりするサルたちを見ても、同じように思います。きっと、サルたちはそんなことなんて考えていないと思うけれど、ギュッとしあうってすてきだし、見ているわたしがほっこりできるので、そんなサルたちがやっぱり好きです。

そして、なんといってもわたしがとくに好きなのは、ごはんを食べるしぐさです。どのサルでも、“かわいい”が止まりません。

体の小さなサルは、手より大きな野菜を持っていることが多いです。小さくてプニプニしていそうな、かわいらしい手でにぎりしめながら、ムシャムシャと口より大きな食べ物をほおばっている姿は、なんともいえず愛おしい！ ヒトの赤ちゃんを見ているようなんです。

食べかたが「好きすぎる！」と思うのはブラッザグエノン、ワオキツネザル、シロガオサキです。指の形がすごくきれいで、その小さな指でしっかりとにぎり、小さな口へ運んでいく……。ごはんの持ちかたから食べかたまで、そのしぐさが全部、もう愛おしすぎます。

フサオマキザルはごはんをかき集め、口にはくわえられるだけくわえ、手には持てるだけ持ち、安心できるお気に入りの場所に行ってから食べています。なんだか野性っぽさを感じるし、その姿もかわいらしくていやされます。

体の大きなサルが食べる姿は、「口、そんなに開くの!?」「かむ力がすごそうだなぁ」「えっ、それ丸ごといく!?」と、迫力があって好きです。ぎゃくに、大きな体なのに小さな豆とかを食べている姿にもキュンとするし、「わぁ、器用だな」と感心してしまいます。

ここで紹介できなかったサルにも、それぞれにかわいいポイントがたくさんあります。みなさんも、自分なりのポイントを見つけてみると楽しいですよ。

ヒトとすごく似ているから気になるなぁ

わたしはアイドル活動をしているので、どうしてもグループメンバーの体のパーツが気になってしまいます。だから、動物園でも同じように、サルの体のパーツをジーッと見てしまうんです。

指先には、爪が生えていることがわかります。見たことはありますか？　フックのようなかぎ爪が生えているサルもいますが、わたしたちと同じような平たい爪がほとんどで、思った以上に似ていてビックリするかも。指紋もあって、もっとビックリするかも！

サルには、まつ毛も生えているんです！　それも、わたしたちと同じですね。ガラス越しに近くで見られるところで、サルがすぐそこまで来てくれることがあったら、チャンス！　じっくり観察してみましょう。日本にはたくさんの動物園があり、SNSをやっていたりするので、発信されるサルの写真でもまつ毛を確認できたりします。ぜひ、チェックしてみてください。

動物園でサルたちを観察していると、毛にクシャッとくせがついているのをたまに見かけます。なんだろうとずっと思っていて、飼育員さんに聞いてみたら寝ぐせのことも多いみたいです。なんだ、それもわたしたちと同じなんだとうれしくなりました。

そして、「わたしたちと同じだ！」といちばんおどろいたことがあります。兵庫県淡路島のニホンザルがいる施設でこんなことがあったと、飼育員さんが話してくれました。そこには、やさしいオスがいました。お母さんがいなくなった子ザルを世話したり、移動するときはまわりのサルがついてこられるように速度を落としたりと、とにかくやさしい。でも力はなくて、ぜんぜん弱かった。その集団でボスだったのは、力は強いけれど自分勝手で、みんなにやさしくないオス。するとそのボスを、メスがみんなで攻撃し、追いだしたそうです。そして新しいボスになったのは……。そう！　みんなにやさしいあのオスだったんです。

わたしたちがなかまといっしょに生きていくうえで大事にしないといけないことも、まったく同じですよね。あらためて、まわりへの感謝の気持ちをもちつづけること、やさしさを忘れないこと、こまったときはおたがいの気持ちを考えることが、あとあと自分のためになるし、みんなを幸せな気持ちにするということに気づきました。

ヒトとちがうところがすごく気になるなぁ

パッと見はわたしたちヒトと同じように見えるサルの手足。よく観察してみると、形や大きさ、指の長さ、爪の色なんかもわたしたちとちがっています。サルたちのもののつかみかたなんかも、よく観察してみてください。たとえば鉄棒にぶら下がるとき、わたしたちは親指も使って、全部の指でギュッとにぎりしめるでしょう。さあ、サルたちはどうでしょう。サルたちのごはんの持ちかた、口への運びかたは？　わたしたちが歩く以外にあまり使わない足を、サルたちはどう使っているのかな？　わたしたちとぜんぜんちがっていて、おもしろいですよ。

鼻なんかも、わたしたちは顔からツンととびだしているけれど、サルはとびだしていませんね。サルによって、穴の形がちがっていたりもします。そのわけを知っていく楽しさも、わたしがサル沼にハマっていった理由のひとつなんです。

ごはんを食べるときのようすも、よく観察してみてください。サルたちは集まって食べているように見えて、じつはおたがいに興味がなく、ただただ自分の食事だけに夢中です。でもわたしたちは、だれかといっしょに食事をし、顔を見合わせながら話したりしますよね。「今日、学校でこんなことがあったよ」「ちょっと、なやみがあるんだけれど……」「あれ、お母さん元気ないな」とか。

食べながら、相手のようすや気持ち、変化を感じとるのはヒトだけができることだと、飼育員さんが教えてくれました。そんなふうにして、よりよい関係をつくることが大事だから、そうできるように進化してきたそうです。じつは、わたしはだれかと食事をすることがあまり得意ではありません。でも、よりなかよくなれるのなら、自分では気づかない変化を教えてもらい、よりすてきなわたしになれるのなら、少しずつでもそうしていこうと思います。

このことからもわかるように、いちばんのちがいはことばですね。サルたちは鳴き声や感情ゆたかな表情、あいさつ、毛づくろいなど、さまざまな方法でコミュニケーションをとります。まっすぐに相手とかかわるその姿がすてきで、そんなサルたちが好きです。わたしたちはことばで傷つけあってしまったり、ウソをついてしまったり……。それは悲しいことだけれど、せっかくことばを使ってコミュニケーションがとれるのだから、みんなが楽しく生きていけることに使えたらいいなと思います。

わたしの推しはこのサルたち

サル沼にハマってから、気になる魅力的なサルたちがどんどんあらわれました。ほんとうに、みんな大好きです。でも「推しは？」と聞かれたら、まよわず「ニシゴリラっ！」と答えます。国内には20頭ほどしかいませんが、わたしは京都市動物園でくらしているモモタロウ一家と、日本モンキーセンターにいるタロウさんに会ったことがあります。

推しのわけはいくつかありますが、なんといっても外見です。おとなのオスの銀色にかがやく背中、シルバーバックはやっぱりかっこいいです。わたしはアイドルなので顔のパーツが気になりますが、ゴリラの目が大好き！ 切れ長の大きな目だったり、丸まるとしたかわいらしい目だったり、形もそれぞれなので観察していて楽しいです。

動きもかわいくてたまりません。モモタロウ一家の次男キンタロウはおちゃめなドラミングをしたり、ガラスにベチャ〜ッと張りついてわたしに寄ってきたりして、すごく元気いっぱい。ヒトの子どもみたいにやんちゃで、愛おしいです。前に行ったときは、お兄ちゃんのゲンタロウがキンタロウと遊んであげている姿も目にしました。「お兄ちゃん、やさしいなぁ」「ヒトの兄弟みたい」と、きずなの強さを観察できました。でも、「最近はおとなになりつつあるゲンタロウが、キンタロウにかまわ

なくなりました」と、飼育員さんが教えてくれました。そんなところも、わたしたちと同じですね。

日本モンキーセンターのタロウさんは、ニシゴリラでは国内最高齢。貫禄があって、おだやかな感じがすてきだなと思います。つぶらなひとみがチャームポイントで、かっこいいというより、とてもかわいらしい顔つきです。大きなハクサイなのに大きなタロウさんが持つとミニチュアに見えてしまったり、小さく切られた野菜を器用につまんで食べるようすには、なんともいえないかわいさがあります。そして、飼育員さんがペットボトルをわたすと、器用にふたを開け、飲みほす姿にはおどろきました。ほんとうに、ヒトのようでした。

ゴリラによっては虫が苦手だったり、雨がきらいだったり、砂がつくのがいやだから地面に敷物をしいてすわったりするそうです。迫力ある見かけによらず、やさしくて、デリケートなところもヒトみたいで、わたしが推す理由なんです。

ほかの推しも紹介します。フサオマキザルは、愛くるしく見えるあのサイズ感と、しっぽのくるんとした感じ、いろんな表情を見せてくれるところが好きです。せっせと動きまわるところが、けっこうせっかちなわたしとよく似ていて、気になっちゃいます。

フランソワルトンは、オレンジ色の赤ちゃんに夢中になりました。何度も動物園に通って、黒色になっていく変化を見とどけました。生まれたばかりでずっとお母さんにしがみついているようすや、お兄ちゃんと遊ぶ姿も全部がかわいくて、目がはなせませんでした。

2

サルのことがもっと知りたい

アカゲザル
弱いと口の中のえさも取られちゃう!?

水田　アカゲザルっていう名前は、やっぱり見た目からですか？

飼育員　はい、背中から腰にかけての毛が赤いからです。

ちょっとこわそうな顔なんですが、実際はどうですか？

けんかは、はげしいですね。強い者どうしがけんかすると顔に傷がついて、ぼこぼこにはれていたりもします。いっぽうが弱いと逃げていくところをやられちゃって、しっぽをちぎられたりするんですよ。

ニホンザルと似ているけれど、ニホンザルよりしっぽが長いのが特徴でしたよね。

そうなんですよ。しっぽがなくなったのもいて……。

えっ……。でも、けんかして、いちばん強いボスザルを決めているんですよね。

そうです。でも、ボスみたいに群れをまとめたりはしないので、ボスザルとはよんでいません。アルファオス、日本語だったら第一位という感じになりますね。

毛づくろいをしているところをよく見かけるんですが、なかがいいからやっているんですか？

なかがいいというより、緊張をゆるめるためにふれあっている感じです。わたしたちはグルーミングといっています。毛づくろいもそうだし、顔や耳をさわったり、顔を近づけてチュッチュッしたりと、いろいろな行動があります。

やさしそうな一面もあるんですね。

う～ん、あまりやさしいところはないと思いますよ。親が子どもの世話をしているときくらいかな。子ども

がけんかをしていても止めたりしないし、自分の子どもがやられていても、けんかが終わるまでなにもしない……。

なんだか、きびしいですね。

そうそう、アカゲザルには食べ物をためる「ほおぶくろ」がありますが、弱いとそこに入っているえさを取られたりもするんですよ。

えっ!?　口の中に手をつっこまれて??

だから、取られる以上にえさが入るよう、弱いサルの「ほおぶくろ」は大きくなっているんです。

わかったこと

アカゲザルの世界では、強い者も弱い者もすごくたいへんなんです。

ゴリラ①

大きいおなか、銀色の背中(せなか)には理由があるんです！

水田(みずた)　ゴリラって大きいですね。身長はどれくらいですか？

飼育員(しいくいん)　オスは170センチから180センチくらい。メスは小さくて、140センチから150センチくらいです。わたしたちと、そう変(か)わりません。

大きく見えるのは、すごく出ているおなかのせいかな？　太っているんですか？

おなかまわりに脂肪(しぼう)がついているわけじゃありません。大きな胃(い)と、太くて、すごく長い腸(ちょう)がおなかに入っています。

なんのためですか？

ゴリラは、葉っぱとか草を食べるでしょう。植物は消化するのに時間がかかるので、長い腸を通して栄養(えいよう)を

吸収しているのです。その腸の中には、植物の繊維質を栄養にするためのバクテリアなんかがいっぱいいるんですよ。

じゃあ、体重のほとんどはおなか、ってことですか？

たくましいうでや足、背中にもみごとな筋肉がついているし、その筋肉をささえるために骨も太くてじょうぶなので、そんなことはないですね。それでも体調をくずしたら、おなかが小さくなり、体重もへってしまいます。

ごはんを食べたあと、寝ている姿をよく見かけます。なにか関係しているんですか？

いいことに気づきましたね。あれはゴリラにとって、とても大事な時間なんです。食べたものを消化してエネルギーに変えているんですよ。大きな体なのでたくさん食べるし、寝転んでいる時間も長いですね。

そうなんですね。わたしはオスの背中の毛が白っぽい、というか銀色にかがやくのが大好きなんです。

シルバーバックですね。オスがおとなになったときの特徴です。なぜそうなるのかは、はっきりとはわかっていません。ある年齢になると自然に毛の色が変わるわけじゃなくて、気持ちも関係するみたいです。

気持ち……、というと？

自分より強いオスがいると、あまりシルバーバックにならないことがあります。でも、そのオスが死んじゃったりして自分が強い立場になると、シルバーバックになってきたりするんですよ。

へーっ。ゴリラに会いに行くと、オスは背を向け、わたしたちにシルバーバックを見せていることが多い気がします。

いや、とくに“見せている”ってことはないと思いますよ。

わたしは、かっこいいって思っちゃうんですけど……。

ジーッと見られるのがいやで、背中を向けているのかもしれませんね。だから、動物園ではグラウンドに木を植えたりして、視線(しせん)をさえぎるようにしています。

たしかに、ジーッと見られているのって、いやですよね。

ゴリラのプライバシーを守るようにくふうしています。

わかったこと

いくらゴリラが好きでも、あまりジーッと見ないほうがよさそうです。

ゴリラ②

胸(むね)をたたくのは、おこっているときだけじゃないんです！

水田(みずた)　わたしはライブやステージで、ゴリラのモノマネをやったりしています。胸をたたく動きをすると、もうすっかりゴリラなんです！

飼育員(しいくいん)　ドラミングというんですよ。水田さんは、手をグーにして胸をたたいていませんか？

あっ、そうしているかも……。

ゴリラは手をパーにしてたたいていますよ。今度、じっくり観察(かんさつ)してください。ところで、どんなときにドラミングすると思いますか？

やっぱり、おこっているとき、とか？

そうですね。敵(てき)がいるときにすることもあります。でも、いい意味でテンションが上がったときにもやったりするんですよ。

“アゲアゲ” のときですね。

子どもは遊んでいるときに、テンションが上がったら軽めのドラミングをします。ペチッペチッという音で、すごくかわいいですよ。相手を遊びにさそうときにすることもあります。ほかにも、おれを見てくれ、というときなんかにも。

だれもが同じようにするんですか？

ゴリラによって、多い、少ないがあります。性格（せいかく）だったり、張（は）りあう相手がいる、いないとかも関係（かんけい）しているようです。

同じ年くらいで、ライバルみたいなゴリラがそばにいたら、ドラミングがふえそう。

背（せ）の高い飼育員が、はじめて近くに来たときにすることもあるんですよ。

ヒトを張りあう相手だと思ってるんだ！

ゴリラによってなので、個性（こせい）ですね。個性ではなくゴリラ全体でいえるのは、それまで知らなかったこと、つまり新しいものは苦手で

す。飼育員がはじめて手にしているものをこわがったりします。

あんなに大きくてりっぱなのに、意外とデリケートなんですね。

カマキリが入り口にいたので部屋に入ってこなかった、ということもあります。

大きなゴリラが小さなカマキリを……、なんか笑っちゃう。でも、虫がきらいな人はそうですもの。そんなところって、親と子で似ていたりするんですか？

見た目が似る、っていうのはありますね。鼻の形とか鼻のしわの感じとかで、「親子で似てるなぁ」と思うことがありますから。

わかったこと

ドラミングは手をパーにするんですね。
たしかに、そのほうがいい音がします。

ゴリラ③
平和を好むって、なんてすてきなの！

水田　ゴリラにも思春期ってあるんですか？

飼育員　ありますよ。子どもからおとなに変わっていく時期に、オスは自分の力を見せつけようとしたりします。

どんなことをするんですか？

ほかのゴリラのそばに走っていって押してみたり、これといった理由もないのに部屋から移動しなかったり、とびらの開け閉めのときにガーンと大きな音を立てたり。そのせいで、何度もとびらを修理しました。

わたしたちの反抗期みたいですね。

子どものころには飼育員と遊びたいという気持ちがありますが、そういうのもなくなっていきます。おもしろいことに、中学生の女の子が来たらえらそうにする

んですよ。

えっ、なんで!? 意識しているんですか？

そうでしょうね。小さいときは男女関係なく、知らない人間が来たら興味津津だったのに、行動が変化してきます。

ほんとうに、わたしたちと似ていますね。

だから、「こう考えているのかな？」というときは、だいたいそのとおりなんです。

ほかにも、似ているって感じるところはありますか？

空気を読みますね。オスのゴリラが3頭いると、2番めに強いゴリラはちょっとおとなしいんです。それが、いちばん強いゴリラがいなくなり、2頭だけになると態度が大きくなる。いちばん弱いオスには勝てるからです。

わたしたちでも、そういうことはありがち……。

でも、ゴリラは争いごとがきらいなので、ふだんはとてもおだやかですよ。もの静かだし、感情をあまりおもてに出さない。ジーッと、いろんなことを考えてい

るのでしょうね。

なんだか、すてきです。

ゴリラのグラウンドに高いタワーをつくり、上のほうにえさを置いたことがありました。ものすごく取りに行きたいはずなのに、1時間たっても動きません。どう登っていけばいいのかを、ずーっと考えていたんですね。2時間ほどしてようやく取りに行ったときには、すばやかったですよ。

あそこをつかみ、次はあそこに足をかけて……、ということがシミュレーションできているからですね。

けんかもしますが、ほかのサルのなかまより少ないです。けんかしても、すぐに終わります。どっちかというと引き分けたいというか、平和を愛している感じですね。

わかったこと

おだやかで、よく考え、平和を愛している。
わたしたちもそうありたいですね！

ショウガラゴ

体は小さいけど、すごいジャンプ力！

水田　ショウガラゴとスローロリスって、暗くした室内で、近くで飼育されていることが多いですね。だから、よく似ている気がするんです。

飼育員　暗さに目が慣れてきたら、よく観察してみてください。

あっ、耳の大きさがぜんぜんちがう！　ショウガラゴの耳は大きい！

スローロリスは木がしげっているところにすんでいるから、耳が大きいとじゃまなんです。ショウガラゴがすむのは木の上なので、大きくてもじゃまにならない。

なるほど、すんでいる場所のちがいなんですね。

大きいと、えさとなる虫の音がよく聞こえるし、音を使ったなかまとのコミュニケーションもとりやすいで

すし。

毛の色は灰色っぽいんですけど、それもすんでいるところと関係があるんですか？

すんでいるところでは、その色が目立たないのかもしれませんね。

毛は、どんな感じですか？

フワフワ、モフモフです。

わあ、見た目どおりなんですね。野生ではなにを食べているんですか？

くだものも食べるし、昆虫も食べます。樹液（ゴムなどの木からしみ出る液体）も好きですね。

観察していると、すばしっこいなあと感じます。

そうですね、ジャンプ力がすごいんですよ。体は小さくて15センチくらいなのに、3メートルくらいもとぶようです。

体の20倍も!?　すごすぎませんか。野生では、どんなふうにくらしているんですか？

夜行性なので、昼間は動きません。子どもはお母さんといっしょにいて、大きくなったらはなれていきます。オスは単独で行動していますね。

群れじゃないんですね。じゃあ、どうやってオスとメスが出会うんですか？

木の実や樹液を食べにきたところで出会うんです。

そうなんですね。鳴き声も、気になります。

なかまどうしでよびあうときは、低くて、かわいい感じの声です。警戒するときは、少し甲高い声になります。わたしたちが聞きとれない超音波も使っていますよ。

わかったこと

ごはんを食べるところに集まってきて、食べながらオスとメスが出会う……。なんだか、すてきです。

シロテテナガザル
家族でくらし、大きな声で歌います！

水田（みずた）　シロテテナガザルにはしっぽが……、ないですね？

飼育員（しいくいん）　はい。チンパンジーやゴリラ、オランウータン、そしてヒトのなかまの特徴（とくちょう）です。

わたしたちも同じグループなんですね！

その中でも、テナガザルは両親とその子どもという家族が群（む）れなので、わたしたちと似（に）ています。

それにしても手というか、うでがあんなに長いのはどうしてなんですか？

木の枝（えだ）の上を歩くより、枝にぶら下がって移動（いどう）するほうが速いからでしょう。そのためにはうでが長いほうがよかったので、そのように進化したということですね。

うでを横に広げたら、どれくらいですか？

シロテテナガザルは150センチくらいです。

体の大きさは？　わたしたちは、うでを広げた長さと身長がほぼ同じと聞いたことがあります。

体の大きさはだいたい50センチくらいなので、やっぱりうでがすごく長いですね。

そしてテナガザルといえば、めちゃくちゃ大きな歌声！

野生では、おたがいの姿（すがた）が見えにくい森でくらしています。だから、なかまがどこにいるのかをたしかめるために、大きな声で歌っているのでしょう。

わたしも歌うことが多いから気になるのですが、「この子は歌がへたかも」って思うことはありますか？

へたかどうかというのはわかりませんが、それぞれに歌いかたがちがうんですよ。そのちがいで、「この歌声はあいつだな」とわかっているらしいです。

シロテテナガザルとフクロテナガザルで、歌いかたにちがいはあるんですか？

歌そのものがちがうんですよ。

わかったこと

両親と子どもで群れをつくっているから、
すごく親しみを感じます。

チンパンジー①
あいさつするって、ヒトみたい！

水田(みずた)　チンパンジーって、ものすごくわたしたちに近い感じがするんです。

飼育員(しいくいん)　ひとりでは生きていけないところは、まさにわたしたちと同じですね。

えっ、そうなんですか？

まわりになかまがいないとだめなんです。だれかがいてくれるとすごく安心するみたいで……。でも、ずーっとべったりってなると、それがストレスにもなるんですね。社会をつくって行動しているので、おたがいがちょうどいい距離(きょり)を置(お)いているのがいちばんみたいです。

社会っていうと……？

ひとりではいられない生き物どうしが、寄(よ)りあってで

きるのが社会です。たとえば、チンパンジーのお母さんと子ども。これが最初の社会です。子どもが次に知りあうのは……？

お母さんのお友だち？

そうですね。そこからその子どもとも知りあって……、というふうに関係が広がっていきます。それって、わたしたちの社会と変わりません。

ほんとうに、ヒトの子どもと同じですね。ほかに、ヒトと似ているなって感じるのはどんなところですか？

あいさつをしあうとか、となりの部屋のチンパンジーとけんかするときには協力するとか。毛づくろいをしてもらったら、してあげるとか。わたしたちは毛づくろいをしませんが、「したり、してもらう」ということでは、チンパンジーとヒトは近いなと思いますね。

あいさつって、どんな感じですか？

手をさしのべたり、横に行って毛づくろいをしたりとか。そうやって、おたがいのコミュニケーションをとっています。

飼育員さんともあいさつしますか？

しますよ！　手を上げたりとか。なでてというように、チンパンジーのほうから体を寄せてきたりとか。

えーっ!?

帰るときに「おやすみ」っていったら、手を出してくれるチンパンジーもいます。

わぁ、いろんなチンパンジーがいるんですね。

はい。だから、接（せっ）しかたもそれぞれに合わせます。みんな、生い立ちや家庭のようす、性格（せいかく）がことなりますから。

わかったこと

ほんとうにわたしたちといっしょすぎ。動物園では、チンパンジーたちのドラマが見られそうです。

チンパンジー②
思春期があるって、ほんとうにヒトみたい

水田　心みたいなことで、ヒトと似ているなって感じるところはありますか？

飼育員　感情がおもてに出やすいことですね。類人猿の中では、いちばんじゃないかな。

顔にも気持ちがあらわれるってことですか？　観察していると、たしかに笑っているように見えることがあります。

実際に笑っているようなときもありますが、こわがっているときやけんかしているときは、歯を食いしばって、口を横に広げるんです。その表情も笑っているように見えるかもしれません。

今度、じっくり観察してみます。観察といえば、ガラス越しにチンパンジーを見ていたら、ヒトのおとなには興味を示さないのに、ベビーカーに乗った小さな子

どもにはとても興味をもっていることが何度もあったんです。なにか理由はありますか？

ひとつは、動物園でふだん接（せっ）するのがおとなので、小さい子どもがめずらしいから。それと、赤ちゃんや子どもは体のバランスでいうと、頭が大きかったり、手足が短かったりするでしょう。そういうところに、おとなの目が行くんですね。

わたしが赤ちゃんを見てかわいいなって思うようなことですか？

はい。そういうことが、ヒトもチンパンジーも同じなんです。

へーっ。ヒトと同じといえば、チンパンジーにも思春期はあるんですか？

チンパンジーにも、そういう時期がありますよ。オス

も、メスも体つきが変わってきます。オスは、父親に対抗しようとするタイミングでもありますね。メスに対してアピールをしはじめたり。

異性のことが気になるんですね。反抗期みたいなことはありますか？

わたしたちみたいに、親に反抗することはあまりないですね。そもそも、ヒトのように、親がいつまでもわが子にかまうことがないので……。でも、やんちゃになったりしますよ。

どんなことをするんですか？

みんなが部屋に帰っていくのに、帰らないとか。ちょっと反抗的でしょ。

わかったこと

笑ったり、反抗的なことをしたり、思春期があったり……。心の面でもわたしたちと同じようです。

チンパンジー③
メスは図太く、オスはデリケート!?

水田　チンパンジーの世界にも、イケメンとか美人とかがいるんですか？

飼育員　そういうのはないですね。いちばん大事なのは信頼関係。ちゃんと信頼できるオスかどうか、それがもてるか、もてないかになる感じですね。だって、そうでないと子育てもうまくいかないでしょう。メスは心のイケメンを探しているんです。

ライブでステージに立つと、ファンの人の目線が気になります。目が合うとうれしいので。チンパンジーを観察していても、目が合ったかもって思うときがあるんですが……。

チンパンジーは、じっと見つめあいますね。そして、興味をもったらものすごく近くまで来ます。数センチくらいのところで、ジーッと見つめてくることも……。でも、わたしの目からなにを読みとっているのかはわ

かりません。

近っ！　チンパンジーには遠慮がないのかな？　アイドル活動では、時期によってグループにいるメンバーの数が変わるんです。チンパンジーは、どのくらいの数の群れなんですか？

野生では数十頭くらいの群れですが、その中にパーティとよぶ数頭ずつの小さなかたまりがあり、それごとに行動しています。そして、食べ物がたくさんある場所とか、寝る場所とかにパーティが集まってくる感じです。パーティも、メンバーがいつも同じじゃなくて、入れかわったりします。

そうなんですね。チンパンジーはこれが苦手だな、って思うことはありますか？

チンパンジーにかぎりませんが、新しいものが苦手。というか、見慣れたものやよく知っている状況に安心しますね。

たとえば、どんなことですか？

引っこしすると、オスはジーッとして動かず、静かなんです。でもメスには新しいものにすぐ慣れる力があって、ふつうに動きまわります。

メスのほうが図太いってこと……!?

言いかえれば、オスのほうがデリケート……。とはいえ、それぞれに苦手なもの、好みもちがうので、ひとくくりにはできません。ニンジンが好きなチンパンジーもいれば、きらいなのもいますし。

わかったこと

聞けば聞くほど、わたしたちと同じよう。
観察するポイントがたくさんあって、
動物園に行くのがますます楽しみ！

ドリル
日本にはたった1頭だけなのです

水田　ドリルって、日本では天王寺動物園にしかいないんですよね。

飼育員　そうです。ドンという名前のオス1頭だけで、メスは日本にはいません。世界でも、40頭ほどしか飼育されていないようですね。

顔がまっ黒ですけど、赤ちゃんのときからですか？

生まれたてのころは茶色っぽい感じで、少しすると黒くなってくるんです。熱帯雨林にすんでいるので、黒いほうが敵に見つかりにくいからなのかもしれません。

てかてかで、美肌に見えます。

近くで見ると、たしかに肌はきれいだなって思いますね。ただ、熱帯雨林にすむドリルにとって、日本は寒いんです。だから冬には、乾燥肌になったりもします。

乾燥肌!?　それはたいへん！

だから、冬は部屋をあたたかくしています。

名前が似ているマンドリルとは、ちがうなかまなんですか？

種類としては近いですよ。マンドリルははでな顔つきですよね。オスのドリルは、あごの下の赤色が特徴です。メスは、ここも黒っぽいんですよ。

オスはそこでメスにアピールしているんですか？

あざやかな赤色のオスほどもてるみたいですね。

メスとは、体の大きさとかもちがうんですか？

オスにくらべるとだいぶ小さくて、スマートですね。体重もオスの半分ほどしかありません。

観察していると、口を大きく開けていることがあります。なにか意味があるんですか？

あくびしているときと、相手をおどしているときがありますね。ジーッと見られるとストレスを感じるみたいで、そんなときは口を横に広げています。だから、わたしたちもあまり見ないようにしています。

えっ。わたし、けっこう見ちゃってるかも……。

そんなときは足元などに視線をずらすといいですよ。ドンちゃんはしんちょうな性格で、こわがり。見慣れないものが置かれていると外に出なかったりするんです。部屋にもどってこないこともあって……、そんなときはほかの作業をしながら、入ってきてくれるのを待つようにしています。

見た目は強そうだけど、
意外にデリケートみたいです。

フクロテナガザル

なんでそんなに身軽なの？

水田（みずた）　やっぱり、袋（ふくろ）があるからフクロテナガザルという名前なんですか？

飼育員（しいくいん）　はい。といっても、カンガルーの袋とはちがいます。オスののどに大きな袋がついているんですよ。それがあるから、大きな鳴き声を出せます。

動物園に行っても、鳴いているところを見たことがないんです。

ものすごく大きな声で鳴きますよ。9時とか10時ごろ、朝が多いですね。

そうか……。開園の時間に行けば聞けるかも！

幼稚園（ようちえん）の子どもたちが、おおぜいでやって来たときなんかにも鳴いたりします。

えっ、見られていることがわかってるんですね。サービス精神がすごい！　わたしも見習わなきゃ。

体の大きさは70センチから90センチで、うでは足の1.5倍くらい長いんですよ。そのうでを使って、いろんなところに移動します。

それにしても、動きがすごすぎませんか？　体操の選手みたい。

テナガザルのなかまで、体がいちばん大きいんですよ。それでも、体重は10キロほど。ヒトの子どもだと2歳くらいの体重ですね。

体ががっしりして見えるから、もっと重いと思っていました。

うでが長く、ものすごい筋肉をしているのに、うんと軽い。だから、身軽なんです。

その長いうでのせいか、寝ている姿が独特でおもしろいですね。あおむけで、ベターッとなって寝ているのを見たことがあります。

夜、段差をソファのように使い、ゆったりと腰をかけ、両手を広げてくつろいだ姿で寝ているのを見たことが

ありますよ。

ほとんど、わたしたちみたいですね！

でも、野性味っていうのを完全にはなくさないようです。いつもとなんかちがうなと気づく能力がするどくて、休園日にはだれも見に来ないこともわかっているみたいです。

じゃあ、いつもよりリラックスしているんですね。そんなときにふざけて、おどろかせたりすると……。

はい、ものすごくビックリします。

そんなところも、わたしたちと同じですね。

わかったこと

ものすごい筋肉なのに、体重が軽いから身軽なんです。

フサオマキザル①
1頭ごとを見分けるポイントは？

水田　わたしの推し、フサオマキザル。毛がワシャワシャしているところがかわいいんです！　体の大きさも、ちょうどいい感じです。

飼育員　よろこんでいるように見える、おこっているように見える顔をしたりしますよ。

たしかに。表情がゆたかですよね。そんなところもかわいいです。

大きさは30センチから60センチくらい。しっぽも、それくらいの長さがあるんです。

じゃあ、「フサオマキザル」っていう名前はどこからついたんですか？

「フサ」は頭の毛が“房”みたいになっているところから。「オマキ」は漢字で“尾巻”。長いしっぽをもの

にまきつけることができるんです。

ワシャワシャしている毛が「フサ」の由来なんですね！　アイドルなので、どうしてもヘアスタイルに目が行くんです。オールバックだったり、リーゼントみたいだったり、ふわっとしていたり……。

そうです。そこが、1頭ごとを見分けるポイントなんです。たとえば、天王寺(てんのうじ)動物園にいるメスの名前は「ザビエ」。戦国(せんごく)時代にやってきたフランシスコ・ザビエルの髪型(かみがた)に似(に)ているからなんですよ。

えーっ、頭のてっぺんの毛がうすいから……、ですか？　女の子なのに、ちょっとかわいそうかも。野生では、どんなふうにくらしていますか？

南アメリカのアマゾン川流域(りゅういき)などにいます。森にすんでいて、15頭くらいの小さな群(む)れで生活しています。

ときには、ほかの種類のサルと群れをつくることもあるんですよ。

ほかのサルと！　そんなこと、むずかしくないんですか？

フサオマキザルは頭がいいから、できるんです。えさを食べるときに道具を使うこともあるんですよ。

すごいっ！　そんなことをするのはチンパンジーだけだと思っていました。

かたい木の実をあたえると、鉄柱に何度も当て、割ってから中身を食べます。

あっ！　天王寺動物園で見たことあります。“カン、カンッ！”って。なんでたたいているのかなと思っていました。実を割っていたんですね。また1つ、フサオマキザルの“好きなところ”がふえました！

わかったこと

ヘアスタイルがいろいろあり、
それが1頭ごとを見分けるポイントなんですね。

フサオマキザル②
二重（ふたえ）まぶたのサルが多いわけは？

水田（みずた）　人に見られる仕事をしているから、どうしても体のパーツが気になるんです。動物園でサルを見ていても、そう。職業病（しょくぎょうびょう）みたいなもんです。

飼育員（しいくいん）　フサオマキザルなら、どのパーツが気になりますか？

パチッとした大きな目です。二重まぶたのサルって、すごく多くないですか？　なんでかなと、ずっとふしぎでした。

二重になるしくみをかんたんに説明（せつめい）しますね。まぶたを上げたり下げたりする筋肉（きんにく）があって、それが2つに枝（えだ）わかれしています。その先っぽが、まぶたの2か所でつながっていると二重に、1か所でしかつながっていないと一重になるんです。

ということは、フサオマキザルは2か所でしっかりと

つながっている。だから、きれいな二重なんですね。

サルのなかまが二重まぶたになった理由は、大きく目を見開くことができるから。そのほうが食べ物をたくさん見つけられるし、敵に早く気づけたりします。

もしかしたら、敵をおどろかせるために目を大きく見開いたほうがよかった、なんてこともあったのかな？とにかく、自然の中で生きていくために役立ったことはまちがいないですね。

そうするとよりたくさんのなかまが生き残れて、子孫を多く残せるから二重まぶたのサルが多くなったんだろうと考えられています。目の話でいうと、フサオマキザルはわたしたちの視線を気にしますよ。

見られている、ってことを意識するんですか？

ふつうサルは、わたしたちが見ていようがぜんぜん気にしません。でもフサオマキザルは、わかっているみ

たいです。

わたしもステージで、ファンの人がどこを見ているのか、すぐわかります。「あっ、ぜんぜんちがうところを見てるな」とか。

たくさんの人に見られていると、フサオマキザルはおくのほうに引っこんでしまったりするんですよ。

わたしは前へ、前へ出たくなりますけど……。でも、ちゃんとわたしたちのことがわかっているなんて、ますます好きになっちゃいました！

わかったこと

二重まぶたは、自然の中で生きていくために役立つみたいです。

フランソワルトン
なぜ、みんなで同じほうを見ているの？

水田　フランソワルトンは、顔がきれいなところが好きなんです！　頭の毛が立っているのもかわいいけど、なぜですか？

飼育員　理由はわかっていません。オスとメスのちがいでもないし、なにかに役立っているわけでもなさそうで……。ふしぎです。

しっぽも長いですね。

おとなのオスだと90センチくらい、メスで70センチくらいあります。体より長いんですよ。

赤ちゃんはオレンジ色！　どうしてですか？

目立つ色をしていることで、群れの中でお母さん以外のメンバーも子育てに参加するようになるんです。

オレンジ色を見ると、「めんどうを見てあげなきゃ！」って思うんですね。

はい。お兄ちゃんが世話をしたり、遊んであげたりしていることもあります。

観察（かんさつ）していると、じゃれあっているのをよく見かけます。遊んでいるのか、けんかしているのかがわからないことも……。見分けられますか？

けんかしているときは、ふだんと鳴き声がちがいますね。

どんな声なんですか？

「ガガッ！」っていう感じの、おどすような鳴き声です。遊んでいるときはもう少し高めの、かわいい声なんですよ。

そうなんですね。みんなが同じほうを見ていることがよくあるけれど……。

新しいこと、こわいこと、警戒（けいかい）することなどがあるときは、みんなでそっちを見ることがありますね。たとえば、聞きなれない大きな音がすると、いっしょに見ていたりします。

飼育員さんの顔はわかっているのですか？

チンパンジーは飼育員の顔を覚(おぼ)えていますが、ルトンもわかっていそうに思います。はじめて来た飼育員には"だれ？"みたいな態度(たいど)なんですが、そのうちに"こいつはだいじょうぶ"っていうふうに変(か)わるように感じられますから。

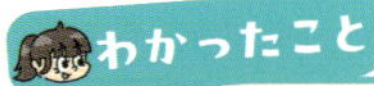

それまでになかったことが起きると、
みんなで警戒して見るようです。

マンドリル
オスは、はでなお尻を向けてあいさつするんです！

水田　マンドリルって見た目がはでで、こわそうですね。生まれたときから、ああいう感じなんですか？

飼育員　赤ちゃんのときは、顔が茶色っぽいんですよ。

えっ、ぜんぜんちがうじゃないですか！

それが、あるときから黒くなってきて、そのうちにまっ黒になるんです。そして鼻すじと鼻は赤く、その横は青くなってもりあがります。

おとなになるにつれて変わっていくんですね。ふしぎだなぁ。

オスは、お尻も青色や赤色、紫色なんですよ。

えっ、お尻もカラフルなんですね！

顔とお尻の色のパターンがそっくりなんです。きっと意味があるはずですが、くわしいことはわかっていません。野生ですんでいる森の中は暗いので、群(む)れのなかまがついていく目印(めじるし)になっているともいわれています。

どんなオスがもてるんですか？　やっぱり、赤色と青色のあざやかさだったりしますか？

それもありますが、毛並(けな)みがいいオスが好(この)まれるようです。あとは体が大きいこと。でも、ただ強いだけではだめなんです。

外見だけじゃなくて、中身もたいせつなんですね。

ゴリラとかもそうですが、みんなにしたわれないことにはね。

マンドリルもたいへんだ！

マンドリルのあいさつは、ユニークなんですよ。お尻を向けるんです。

お尻であいさつ!?

マンドリルを観察(かんさつ)しているときにお尻を向けられたら、「あいさつしてくれている」ということ。なんか楽しい

でしょう。

みんなが、あいさつしあうんですか？

群れでは、下の立場のマンドリルがあいさつをしても、いちばん上は返しませんね。そして、どのタイミングであいさつをするのかがよくわかっていません。群れの緊張感（きんちょうかん）をしずめるときなのか、わたしたちみたいに「やあっ！」とあいさつしているのか……。

わかったこと

顔とお尻の色のパターンが似（に）ているそうです。
今度、観察してみます！

レッサースローロリス①
かわいいけれど毒をもっています！

水田　レッサースローロリスの部屋の前にやってきました。もしかして、動きがスローだからこの名前なんですか？

飼育員　まさに、そうです。

暗くした部屋にいるから、いつも見つけるのがたいへんなんです……。

以前、照明をいまより少し明るくしたら、えさを食べなくなったことがあったので、この暗さにしています。説明の看板を読みながら、目を慣らしてみましょう。見つけられたら、じっくりと動きを観察してください。

あっ、だんだん目が慣れてきて、見つけられました。ほんと、動きがめちゃゆっくり。世話をするときも明るくしないのですか？

はい。でも、部屋の中を点検(てんけん)したりするときは「ごめんね～」っていいながら、まだ寝(ね)ているときに明かりをつけたりしています。

ロリスは、この暗さでも見えているんですよね？

夜行性(やこうせい)なので、暗いところでもよく見える目になっています。

じゃあ、わたしのことはちゃんと見えているんだ。観察しやすい時間帯(じかんたい)とかありますか？

えさをあたえる午前中は、わりと活発に動いていますよ。ぜひ、午前中に来てください。

毛がふわふわしてそう……。

太っているように見えませんか？　ふわふわした毛が多いうえに、体を丸めているからですね。

たしかに、歩いているところを見ると太っていないですね。

そんな体型(たいけい)なのでかわいく見えますが、毒をもっているんですよ。

えっ!?　毒？

わきのところから出る強いにおいの液体(えきたい)をなめると、だ液とまざって毒になるんです。体にぬって、敵(てき)から身を守るんですよ。

わかったこと

毒をもっているサルがいるなんて知らなかった……。
生きていくために必要(ひつよう)なんですね。

レッサースローロリス②

樹液(じゅえき)や花のみつを食べ、のんびりくらしています

水田(みずた)　わたしは食べることが大好(だいす)きなので、レッサースローロリスがどんなものを食べているのか気になります。

飼育員(しいくいん)　野生でいちばんよく食べているのは樹液（木からしみ出る液体）ですね。そのあとに花のみつ、くだもの、昆虫(こんちゅう)などが続(つづ)きます。

動物園ではどうしているのですか？

アカシアという木の樹液からつくられた、アラビアガムというものを溶(と)かしてあたえています。くだものや野菜(やさい)をカットしたもの、コオロギなども食べさせています。

好ききらいはあったりするんですか？

はい。ペットとして飼(か)われていたことがあったりする

と、そのときのえさが影響していますね……。

えっ、ペット!?

そうなんです。野生でつかまえられ、密輸されて売られています。

わたしたちが飼うことは、ぜったいにムリですよね。

そのとおり！　もとの森にかえすことができなくて、動物園で世話しているんです。

そのかわいさは、ぜひ動物園で観察してほしいですね。部屋を暗くしてあるのは、夜行性だからですよね。

はい。みなさんが来られるときは部屋の中を夜にして、活動が見られるようにしています。閉園したあとは、照明をつけて昼間にしているので、寝ているようです。

どんなふうにして寝るんですか？　見られないから、知りたいです！

巣箱の中や木の上で寝たりしていますよ。

野生では、群れでいるんですか？

基本的には単独ですね。

ふだんは、ひとりでいるのか……。動きもゆっくりだし、なんだかおだやかにくらしている感じがします。

そうですね。でもおどろいたり、えさをとりに行くときなんかは、すばやく動きますよ。

わかったこと

野生のレッサースローロリスを守るためには、かわいくても個人で飼おうとしないことなんですね。

ワオキツネザル
見た目がそのまま名前なんです！

水田（みずた）　目の色がすごく明るいですよね。

飼育員（しいくいん）　1頭ごとに濃（こ）さはちがっています。理由はわかりませんが、日本の動物園にいるワオキツネザルは黄色やオレンジ色っぽいのが多いです。野生では赤みが強い印象（いんしょう）です。

顔がキツネっぽいからこの名前なんですか？

そうですね。イヌとかキツネみたいに鼻が前に出ていて、顔に毛も生えているんです。古いサルのなかまです。

たまに、すごくねむそうに見えることがあります……。

おそらく、ねむいんでしょうね。

えっ、やっぱり！　ワオキツネザルは、すぐ目の前で

観察できる動物園が多いですよね。あまりいやがらないんですか？

足元まで来たりするから、そうなんでしょう。でも、さわられるのはいやがります。

毛はどんな感じなんですか？

わたしの小指がうまるくらい、モフモフでフワフワです。だから、体に傷があっても見えにくかったりします。

しっぽにある輪っかのもようの数は決まっているんですか？

だいたい13か14ですね。先っぽはかならず黒です。名前の「ワオ」は、この尾にある輪、「輪尾」から来ているんですよ。

いつ見ても手が小さくて、かわいい！　プニプニしているように見えるんですけど、実際はどんな感じですか？

しっとりしていて、気持ちいいんですよ。

やっぱり！　さわってみたいなぁ……。

それはだめですね。動物園にいても、野生動物です。気軽にさわってよいものではないし、さわられた動物たちがストレスを感じたりしますから。

なるほど、そうなんですね。

さわることで病気がうつったり、けがをしたりすることも心配です。

観察していると、寒いときに体を寄せあっています。外側にいると寒いじゃないですか。交代し合うことはあるんですか？

それはないですね。ワオキツネザルの群れでは、オスよりもメスが強いんですよ。だから、強いメスがまん中にいるんじゃないかな、と思います。外側で寒そうにしているのは、やっぱり弱いサルですから。

わかったこと

名前のワオは、おどろきの「ワオッ！」じゃないんですね。今度、輪の数を数えてみます。

コラム

なんだか似ている、アイドルグループとサルの群れ

寒い時期に動物園に行くと、サルたちがギュッと固まって、団子のようになっているようすをよく目にします。飼育員さんに質問したら、「まん中にいるのが群れでいちばん強くて順位の高いサル。弱い者は端っこにいて、体の片側では寒い思いをしているんですよ」と教えてくれました。わたしが活動するアイドルグループでも、順位が高いメンバーがセンターに立ち、大人数のまん中で歌い、おどるので、「わぁ、同じすぎっ！」と思わず笑ってしまいました。

ワオキツネザルは、順位の高いメスが移動し出すと、そのあとをほかのワオキツネザルたちがぞろぞろとついていくそうです。そのようすも、センターに立つメンバーや、グループのキャプテンについていくわたしたちを見ているようです。それにも、「似すぎやろっ！」と、思わず口に出してしまいました。

サルとヒト、
ここがちがう

白目（しろめ）のひみつ

ヒトはウソをつく動物だから!?

サルの目、よーく見たことはありますか？　わたしたちにはある白目がありません。これはサルにかぎらないことで、ほとんどの動物には白目がありません。じゃあ、どうしてヒトには白目があって、動物にはないのか。そのひみつを、飼育員（しいくいん）さんから教えてもらいました。

白目があると、どこを見ているかがはっきりわかるようになるそうです。たしかに！　ステージに立つわたしは、ファンの人の目線がよくわかります。

でも、もっと、もっと深い理由が！　ヒトはウソをつく動物だからなんだそうです。「目は口ほどにものを言う」っていうように、目線からウソもホントもわかっちゃうんです。「目が泳ぐ」ってことば、あるでしょ。ヒトはウソをついたらかなら

フサオマキザルの目

ニシゴリラの目

わたしの目

ず目が動く。自分が思ってなくても、勝手に動いちゃうそうです。

じゃあ、なんでヒトには白目ができたのかな？　飼育員さんがこんなふうに話してくれました。男の人が女の人の目を見て、「ぼくのことがいちばん好き？」って聞く。女の人の目が泳が

なければ、「ああ、ほんとうだ。ぼくのことがいちばん好きなんだ」って安心するし、「よし、子どものために獲物をとってこよう」とがんばる。

ところが、狩りで少ししか獲物がとれなくて、がまんできずに男の人がそれを食べちゃった。それなのに、帰るなり女の人に「今日は、とれなかったよ」といったら？　子どものごはんがなくて、さあたいへん。そこで、女の人が「ほんとうに、とれなかったの？」と聞く。やさしく、目を見ながら。そして、ウソがばれるんです。

ウソをつかずに正直でいるほうが自然で、子孫をじょうずに残せるんですね。だから、わたしは正直ですとわかりやすく証明するために、ヒトには白目ができたそうです。

みなさんも鏡を見ながら、自分にウソをついてみてください。目がキョロキョロと動いたら、正直者ってことですね。

鼻の高さ

モノマネするときの決め手!?

わたしのゴリラモノマネを見たことはありますか？ アイドルのわたしが、ゴリラに似(に)せてどんな顔をするのかというと、鼻の下をうーんとのばし、下あごをぐっと突(つ)きだします。みなさんもやってみると、きっとそんな顔をするはず。

どうしてかというと、顔のまん中にぽこっとついている鼻をできるだけ低(ひく)くなるようにしているんですね。

「じつは、どのサルのなかまも鼻が低いんですよ」と、飼育員(しいくいん)さんが教えてくれました。たしかに、わたしが大好(だいす)きなフサオマキザルなんて、顔に鼻の穴(あな)だけがあいているように見えます。

ゴリラ、チンパンジー、ニホンザル……、たしかに鼻が高いサルはいません。どうして鼻が低いのかは、動物園でサルの顔

を観察するとわかりますよ。

鼻から下、口やあごが前に出っぱっているからなんです。なんだ、モノマネでやっているとおりじゃないか、って。

ヒトはあごが小さくなって引っこんじゃったから、鼻がぐぐっと前に出て、高く見えるんですね。どんどんあごが小さくなったのは、火や道具を使えるようになって、かたいものをかみ切らなくてもよくなったから。そう、ヒトとサルの歯のちがいでも、飼育員さんがヒトのあごが小さくなった話をしてくれました。

鼻といえば、においがわかる力はどうなのかな？　サルの種類によっては、ほかの動物とくらべてそれほどするどくないそうです。「鼻水も出るんですよ」と飼育員さん。見た目はちがっても、そこはヒトと同じですね。

「サルの種類を分けるときに、鼻が使われています。直鼻猿類と曲鼻猿類です」とも教えてもらいました。鼻の奥にある空間

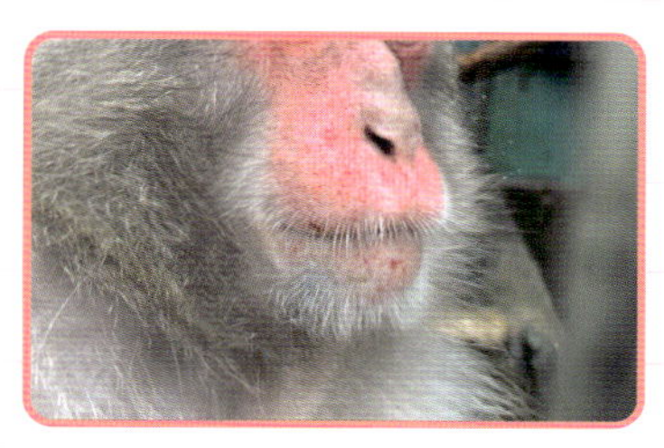
ニホンザルの鼻

フサオマキザルの鼻

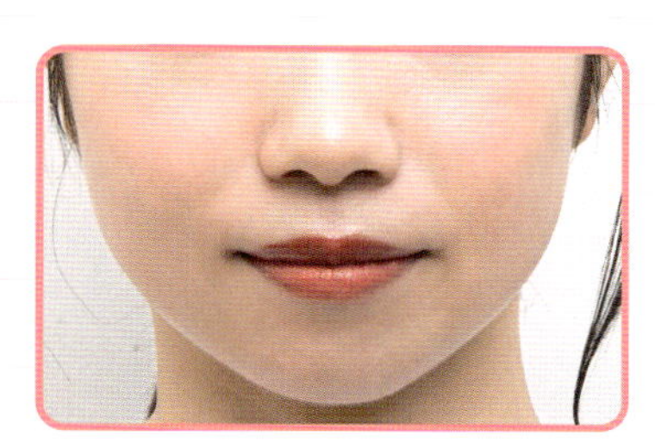
わたしの鼻

がまっすぐで、鼻の穴が前や下にあいているのが直鼻猿類。穴が左右にあいているのが曲鼻猿類。キツネザルやロリス、ガラゴのなかまが曲鼻猿類で、ほかのサルのなかまは直鼻猿類。

今度、動物園で観察するときは、鼻にも注目してみます。

歯の数は同じ

犬歯にちがいあり！

　サルの歯って、何本あると思いますか？　わたしたちより多い？　少ない？　答えはおとなで32本。わたしたちとまったくいっしょ！　切歯（前歯）２本、犬歯（糸切り歯）１本、小臼歯（手前の奥歯）２本、大臼歯（奥にある奥歯）３本が上下左右にあるそうです。

「歯ならびの悪いサルっていませんか？」と飼育員さんに聞いたら、「見たことない」って。食べることは動物にとってぜったいに必要だから、歯ならびがおかしいとちゃんと食べられなくて、生きていけないそうです。わたしたちはあごが小さくなりすぎて、歯の生える土台がせまくなってしまったから歯ならびが悪かったりします。

　スペースがないから、いちばん奥の大臼歯が生えない人もい

マンドリルの犬歯

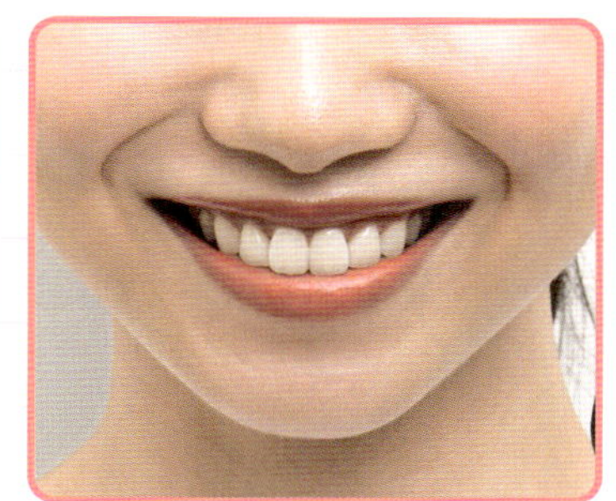
わたしの歯

ますね。親知らずといって、歯医者さんでぬいてもらう人もいます。わたしもそうしました。サルはあごが大きく、スペースがじゅうぶんあるので、32本がきれいに生えています。そう聞くと、ヒトってへんなサルなんだなって思っちゃいます。

動物園でサルたちを観察していると、歯が茶色く見えたりします。きたないのではなくて、葉っぱとかを食べるからそんな色になるみたい。ほんとうは虫歯のない、きれいな歯だそうです。どうしてなの、と思いませんか。葉っぱとか、繊維質の多

い植物をいっしょにたくさん食べるから、それで歯がみがかれたようになって、きれいになるんですって。

なんといっても、わたしたちとサルでいちばんちがうのが犬歯。するどくて、とがっている糸切り歯です。動物園で観察していて、わたしが「すごく大きい！」と思うのはマンドリルの犬歯です。そんな犬歯をいつ使うのかというと、オスどうしが戦うときだそうです。

でも、実際に使うとけがをしたり、ときには死んじゃうこともあるとか。だから、大きな犬歯をおたがいに見せあい、「おれのほうが強いだろ！」ってやりあうことが多いそうです。

手と足のバリエーション

なぜ、いろいろな形なの？

「サルの手や足をじっくり観察したことがありますか？　種類によっていろいろな形をしていておもしろいですよ」と、飼育員さんが教えてくれました。

　手の形をヒトとサルでくらべてみましょう。わたしたちの手は親指がほかの４本の指とはなれているから、物をつまんだりしやすくて、器用に使えるようになっています。ニホンザルやマンドリルの手はわたしたちとわりと似ていて、虫をつかまえたり、小さな木の実をつかんだりできます。

　ところが、類人猿は手のひらが長いので、親指がほかの指と大きくはなれています。しかも親指が小さくて、ほかの４本の指が長いので、ものをつまむのがたいへんそうなくらい。この形は、木の枝などにぶら下がることに向いているそうです。わ

たしたちが鉄棒にぶら下がるときは、手をグーにしてにぎりますね。でもサルたちは、親指を使わず、あとの４本の指を曲げ、フックのようにしてつかまるんですって。

おもしろいところでは、アイアイというサルは中指だけが長ーくのびています。木の中にいる虫をとるためだそうです。ゴリラやチンパンジーは軽くにぎった手を地面につけて歩くナックルウォークをするので、地面につく部分には毛がなく、かかとのようにかたくなっています。

木の上でくらすサルだと、クモザルは手の親指を使うことがほとんどないから、もう豆みたいな小さな骨が残っているだけだそうです。

２本足で歩くわたしたち。歩くことに適したヒトの足は、かなり変わった形なんだそうです。ここまで指が短い足のサルは、ほかにいないとか。わりと近い形をしているのはニホンザルなど、地上にいることが多いサルたちです。歩くことや走ることに向いた形なんですって。

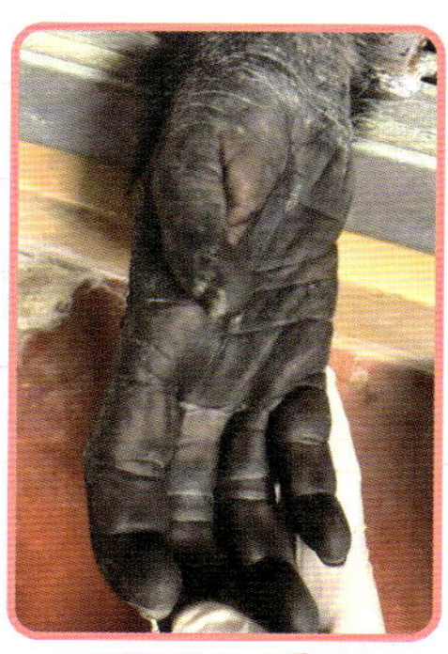

チンパンジーの手のひら

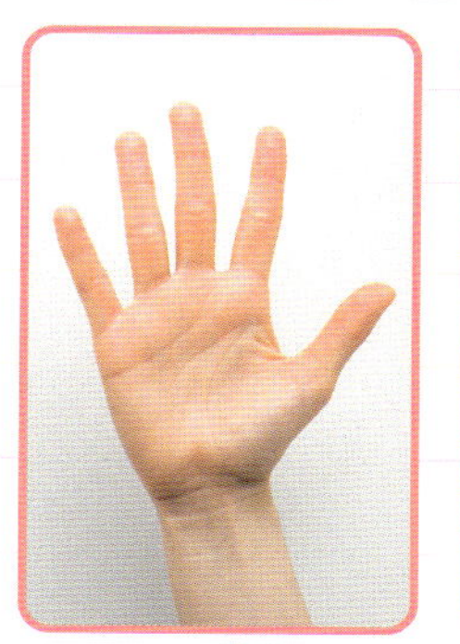

わたしの手のひら

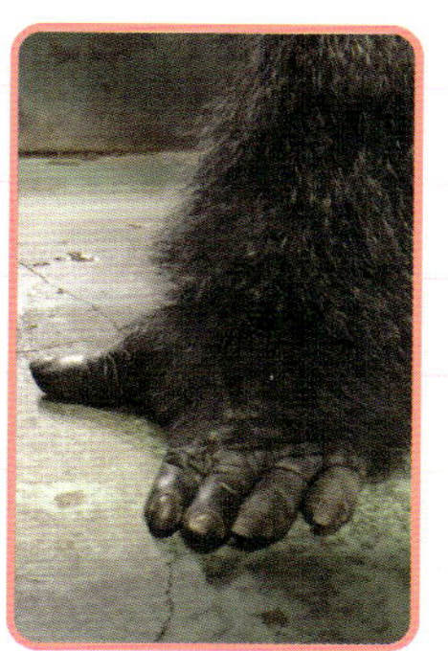

チンパンジーの足

すむ場所やくらしかた、食べ物などによって、サルの手足にはたくさんのバリエーションがあることがわかりました。

そうそう、サルの手足の指にも指紋があります。そこは、わたしたちと同じなんですね。

平爪とかぎ爪

のびるの？　切るの？

わたしたちの爪は平たい形をしていますね。平爪といって、たとえばニホンザルやチンパンジーも平爪なんですって。たしかに動物園で観察していると、同じだなあと思います。

もうひとつ、なにかに引っかけるように曲がった爪、かぎ爪をもっているサルがいます。ふさふさした毛の中にかくれているので見えにくいですが、マーモセットやスローロリスの小さな手にはかぎ爪が生えているそうです。なぜかぎ爪なのかはよくわかっていないみたいですが、こんなふうに考えられるよと飼育員さんが話してくれました。

「マーモセットやスローロリスは体が小さく、手も小さい。だから、大きな枝をつかむことができませんね。それだと、木の上を移動するときにこまるでしょ。それで、枝や幹にしっかり

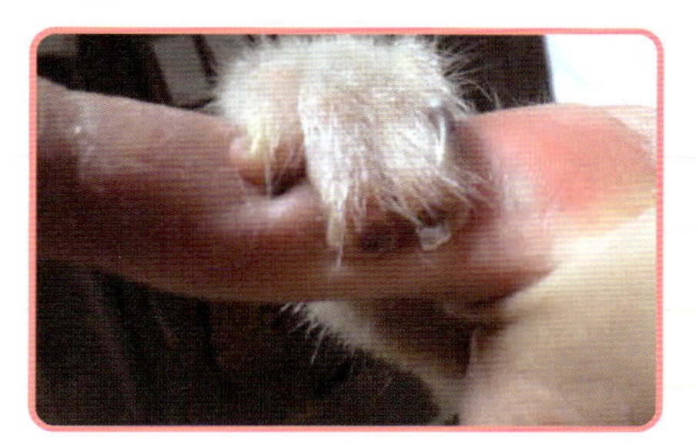
レッサースローロリスのかぎ爪

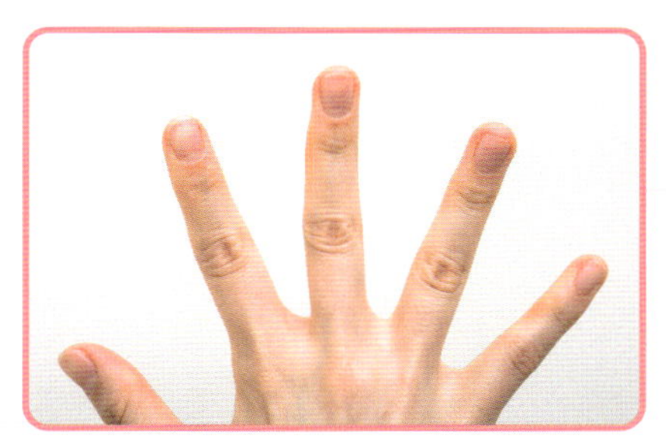
わたしの爪

と引っかけられるかぎ爪になったんです」と。

なるほど！ 幹をさかさになっておりてきたりできるのも、かぎ爪だからなんですね。樹液（じゅえき）（木からしみ出る液体）がごはんなので、しっかりと体を固定（こてい）しないと食べられないし。でも、

クロキツネザルは後ろ足の人さし指にだけかぎ爪があって、それは体をかくための専用と聞いてビックリしました。

わたしたちの爪がのびるように、サルものびるのかな？　飼育員さんに聞くと、ふつうは爪が自然にけずれていくそうです。でも、なにかにぶつけてはがれたりすると、へんな形で次の爪が生えることもあるみたい。時間をもてあましたら、自分で爪をかじっちゃうサルもいるそうです。

わたしが大好きなニシゴリラ。その爪は、よごれているわけでもないのに黒い色をしていて、ぶ厚く、かたそう。

京都市動物園では、ニシゴリラの爪を切ることがあるそうです。そう聞いておどろきましたが、慣れればだいじょうぶみたい。こわがりで、はじめはなかなか切らせてくれないゴリラもいるそうですよ。

あざやかな毛の色

どうしてそんな色なの？

サルの体の毛はずっとのびつづけるのかな、飼育員さんがカットしたりするのかなと、前から疑問でした。じつは、いつまでものびたりしないそうです。オランウータンのオスは毛が長かったりするけれど、生きている間ずっとのびつづけるということはなく、ある程度で止まるみたい。たしかに、わたしたちも髪の毛はのびるけれど、体の毛はそうではないですよね。

ただ換毛といって、夏の毛、冬の毛というように生えかわることはあるそうです。飼育員さんからおもしろい話を聞きました。野生では熱帯にすんでいるニシゴリラに冬の毛はないけれど、動物園のニシゴリラにはあるそうです。

「夏は毛が細くて地肌が見えているのに、冬はモフモフになり、なんだか丸く見えるんですよ」。冬のゴリラって、かわいいかも。

冬の楽しみがふえました。

動物園で観察していると、サルの中には色あざやかな毛をしているものがいます。毛をよく観察すると、１本の毛が１つの色ではなく、黒からだんだん黄色や緑色にかわっていったりしているそうです。だから、そんな毛をもつベルベットモンキーは、光の当たりぐあいで色がちがって見えます。たとえば絵をかくと、人によって毛の色を灰色にぬったり、緑色っぽくぬったりするんですって。

そうはいっても、インコやクジャクなどの鳥のなかまのように、すごくあざやかなサルはいませんよね。そこには、こんな理由があるんですよ。わたしたちやサルはほ乳類というなかまですが、進化のとちゅうで一度、夜に活動する夜行性になって、暗い世界で生きていたことがあるそうです。それで、色が必要なくなったんですね。

そのあと、ほ乳類が昼に活動するようになると、色がわかるサルのなかまがあらわれました。でも、毛の色は黒色、白色、

ニシゴリラの冬の毛

ベルベットモンキーの毛

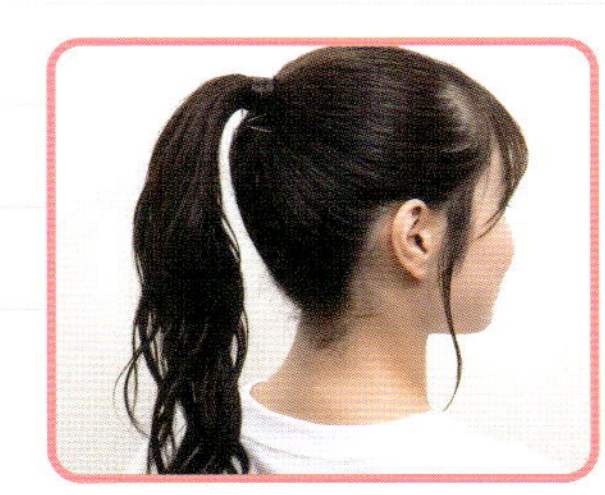

わたしの毛

茶色、灰色がほとんど。中にはあざやかな毛をした種類(しゅるい)のサルがあらわれましたが、その理由はわかっていないそうです。

わたしは、髪の毛のおしゃれが大好(だいす)きです。だから、髪の毛をきれいにしながら、「どうして、サルはあざやかな毛なんだろう？」「毛の色がきれいだと、もてるのかな？」と考えるのが楽しみなんですよ。

お尻のちがい

ヒトにあるのは？ サルにあるのは？

ヒトのお尻にあって、サルのお尻にないものはなーんだ？ わかりますか？ 答えは2つの山みたいなふくらみ。ぽこっぽこっとあるのは、2本の足で立って歩くための筋肉なんですって。サルは2本足で歩くことがほとんどないから、お尻に2つの山はありません。

反対に、ほとんどのサルのお尻にあって、わたしたちヒトのお尻にないものはなーんだ？

ひとつめの答えは、尻だこです。そういわれても「えっ、なにそれ？」って感じですね。動物園でよーく観察するとわかりますよ。毛が生えていなくて、かたくなっているところです。ほとんど、と書いたのはチンパンジーやゴリラにはないからです。なぜ尻だこができたのか、その理由ははっきりしていない

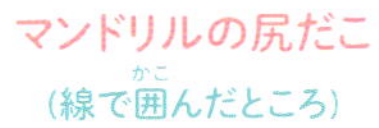

マンドリルの尻だこ
（線で囲んだところ）

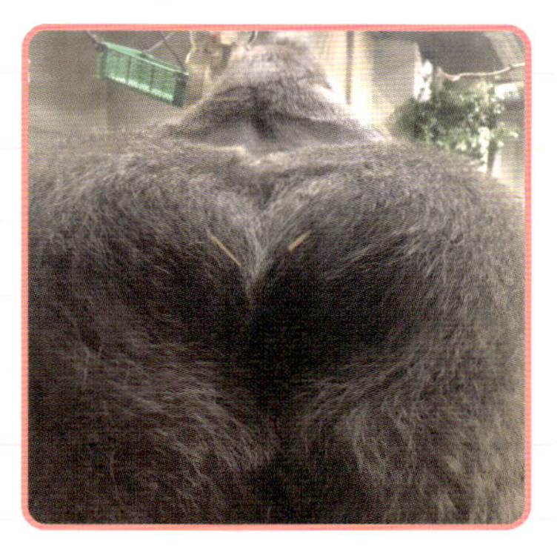

ニシゴリラのお尻

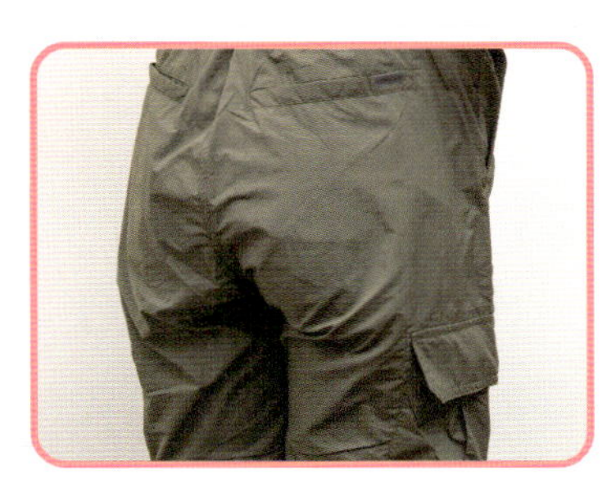

わたしのお尻

そうです。でも観察していると、木の枝にすわるときに安定して楽そうだなとか、長い時間すわっていてもつかれなさそうだなと思います。

そしてふたつめの答えは……、わかりますよね。しっぽです。写真や絵で、サルが木の枝にしっぽでぶら下がっているのを見たことはありませんか？　でも、そんなことができるのはクモザルやウーリーモンキーのなかまだけなんだそうです。クモザルのしっぽの先のほうには毛が生えてないところがあり、そこには尾紋っていうしわがあって、すべり止めの役目をするそうです。

ほかにも、ニホンザルが短いしっぽをぴょんと立てていたら相手をおどしていることが多かったり、アカオザルはくっついて寝るときにしっぽをクロスさせたり。しっぽは、サルにはなくてはならないものなんですね。

もしわたしがしっぽをもらえるとしたら、ウサギのようにかわいいのがいいなと思っていましたが、やっぱりサルのように便利なほうがいいかも。

4

動物園の仕事を見てみた

アイドルのわたしが!? 作業着を着てみた

アイドル活動では衣装を着ると気が引きしまり、「よし、やるぞ！」と気持ちが入ります。動画の撮影で飼育員さんの仕事を体験したり、お手伝いしたりするときに、飼育員さんの作業着を着てみました。そのときも同じように、気が引きしまる感覚がありました。仕事がちがっていても、決まった服装を身につけるだけで気持ちって変わるものなんだと実感したのです。

ふだん着だと、よごれたらどうしようって気になりますが、作業着で作業をしたときには、よごれたり、汗をたくさんかいたりしてもぜんぜん気になりませんでした。飼育員さんは仕事中、気にしている場合じゃないほどいそがしいし、ホースで水をまきながらそうじをしたり、水飲み場などのぬれている場所を歩いたり、葉っぱが生いしげっているところを歩いたり……。このような作業が多いので、それを気にしなくていいのが作業着のよいところですね。

そして、半そでだったり、上着があったり、ぼうしもあって、長ぐつもはいているから、どんな季節でも、いろんな場面にも

対応できて最強！

作業着には、わたしのひそかな注目ポイントがあります。それぞれの動物園にはロゴがあるんですよ。作業着には動物園の名前とロゴ、ちょっとしたイラストなんかがつけられていたり、動物園によって色やがらなどのデザインなんかもちがっていたりします。だからわたしは、動物園に行って飼育員さんの作業着を見るのも大好きで、それも楽しみのひとつなんです。

知らないことだらけ
サルのえさを調理する

動物園の調理場で、サルたちのえさを用意する作業を見学しました。えさの野菜をカットするのは、それぞれの動物を担当している飼育員さん。リンゴやイモ、ニンジンやキャベツなどのいろんな野菜が置いてあって、どれを、どの大きさに切るのかは動物によってちがいます。
「なぜ、小さくカットするんですか？　大きくてもかみきれるのに」と質問すると、
「フサオマキザルとかは、えさを取りあいするんです。大きいままだと、子どもたちがえさを手にできないことも。おとなから子どもまで、みんなが食べられるようにするためですよ」と教えてくれました。

テナガザルには、イモを蒸してあたえることもあるそうです。なまだとあまり食べないけれど、蒸すとあまくなるからなのか、よく食べてくれるんですって。以前なまのイモを食べさせたときに、うんちが少しかたくなったりしたことがあって、サルの体調なんかもしっかり見ながら、調理方法を変えたりしているそうです。

飼育員さんたちは野菜を切ると、ひとつずつ重さを測り、確認しています。でも、切っているうちに測らなくても重さがわかるようになるんですって。すごいっ！

そしてえさをわけるときも、最初はメモを見ながら、「このえさはあのサルに」「こっちはあのサルに」って感じで、すごく時間がかかるそうです。でも、慣れてくるとパッとわかるようになって、「ちょっと、べつの野菜を入れてみようか」というふうにアレンジもできるようになれば、もうベテランです。

そして、えさをバケツに入れたら、リヤカーでいっきに運びます。サルの食事は１日に３回から５回くらい。２人で作業することが多いので、１人のときは倍の回数と量になるからたいへんなんですって。ゴリラを担当したことがある飼育員さんは、「大きくなるにつれて、えさの量がどんどんふえて、わたしも体力と持久力がつきました」と話してくれました。

アイドルのわたしが!?
サルにえさをあげる

動画の撮影で、サルたちにえさをあげる体験をしたことがあります。アヌビスヒヒがたくさんいるグラウンドに、えさをまきに行きました。

この作業では、バケツに入ったペレットという固形のえさを、広く、均等にまくことが大事なんです。みんなが同じように食べられるためですと、飼育員さんが教えてくれました。「みんな、行くよ。いっせいのせっ！」とさけんだわたしのバケツからは、ペレットがばらけることなく、まっさかさまに落ちていきました……。飼育員さんはみごとなバケツさばきでしたが、なかなかむずかしくて、たいへんな作業なんだと身をもって感じました。

お祝いごとがあるときなどには、いつもよりかざりつけにこったえさを用意することもあるそうです。わたしたちが誕生日に、ちょっとごうかな食事を

するみたいですね。そんなえさの用意を手伝うことができました。そのときに、「えっ!?　飼育員さんってこんなこともするの？」とビックリしたのは、くだものや野菜をかざり切りされていたことです。

花の形に切ったり、文字を彫ったり、皮を使って器にしたりと、とても細かい作業におどろかされました。サルたちにとって見た目は関係ないかもしれないけれど、それでも食事を楽しんでもらおうと、全力で取りくんでいる姿がすてきでした。

わたしが手伝ったお祝いプレートが置かれた部屋にバーバリーマカクが入ってきて、勢いよく食べてくれたときは、とてもうれしかったです。愛情をこめて、一生けんめいにもりつけてよかった！

サルたちは、あまいものが好きだそうです。ふだんはサルたちの健康を考えて、糖分を多く取りすぎないような食事を飼育員さんは用意されています。だからお祝いプレートは、特別な日だけのことなんですって。

わたしも見学したり、体験したりしてわかったのですが、サルたちのえさには、わたしたちから見えないところで飼育員さんのたくさんの努力やくふうがもりこまれています。そんなことを、みなさんにも知っておいてほしいです。

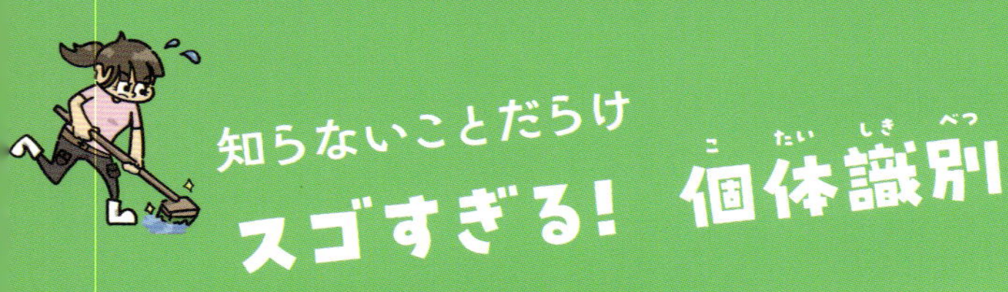

飼育員さんの仕事の中で、とてもたいせつなことのひとつが個体識別。「だれ」と「だれ」を見分けられると、「調子が悪そうなのはだれだ」とか、「だれとだれがけんかしている」とか、わかることがたくさんあるからです。

飼育員さんが「目の前に来たワオキツネザルのプタハとプラムは大親友です」みたいに名前で話し、群れの中でサルがどう生きているのかを聞いていると、わたしが活動しているアイドルグループ、ＮＭＢ４８になんだか似ているなぁと思いました。

グループにいるメンバーは人数が多く、最初はだれもが同じ顔にしか見えなくて、名前を覚えるのもたいへんなんです。でも、一度覚えてしまえば、１人１人がまったくちがっていることがわかり、おもしろいです。見た目もばらばらで、顔のパーツの形や大きさ、ほくろのあるなし、髪の長さや色もいろいろだと気づきます。

中身も、知れば知るほどちがっていて、それぞれの魅力が見えてきます。覚えようとしなければみんな同じに見えて、ただ

人数が多いだけのグループなんだけれど、覚えたらちがいがわかって楽しいというところが、サルの個体識別と同じだと気づきました。

飼育員さんから見分けるポイントを教えてもらいながら、わたしもワオキツネザルを観察してみました。目の色や明るさのちがい、おでこのもようのちがい、耳や鼻の形のちがい、目のまわりのラインの太さのちがい……。

頭数が多いし、動きまわるから、覚えるなんてムリッ！ そんなすごいことをしている飼育員さんたちはかっこいいし、わたしも識別できるようになったら、サルたちの観察がもっと楽しくなりそう。グループのメンバーを識別できるのだから、挑戦してみようと思います。

知らないことだらけ
サルにも戸籍があるんです！

わたしたちには、名前や生年月日、本籍地、家族の関係などが書かれた戸籍がありますね。じつは、動物園で飼育されている動物にも戸籍があるって知ってました？

正式には「血統登録台帳」っていう、ちょっとむずかしそうな名前がついています。なにが書いてあるかっていうと、個体番号（動物園の動物１頭１頭に番号がついているなんて知らなかった！）、名前、性別、生年月日、生まれたところ、現在飼われているところなど。両親の情報ものっているんですって。

もう、わたしたちの戸籍とほとんどいっしょですね。というか、わたしは自分の戸籍をしっかりと見たことがないから、なにが書いてあるのかイマイチわかっていません……。

しかも年１回、血統登録調査っていうのをおこなって、アップデートしているそうです。調査は動物ごとに分担し、担当が決められています。わたしが年間パスポートをもっている天王寺動物園は、シシオザルとドリルの担当なんですよ。

どうして動物に台帳が必要かっていうと、どこの動物園に、どんな動物がどれだけいるのか、そしてどんな状態なのかなどを、全国の動物園が知っていることが大事だからです。

たとえば、動物園で生まれた動物どうしを結婚させることがあります。そのときに、決め手となるのが血のつながり。「この子のお父さん、お母さんはだれかな？　おじいちゃん、おばあちゃんはだれかな？」「あの子の……」というのが、台帳があれば一発でわかって超便利なんですね。

飼育員さんたちは台帳を見ながら、「あの動物園のあの子なら、うちの子と結婚させてもいいかも」とか、年ごろの子どもがいる親みたいな気分になっているのかなぁ。

園内の動物病院
スゴすぎる獣医さん

動物園の多くには、園内に動物病院があるそうです。でも、わたしたちから見えないところにあるので、何度も動物園に通っているわたしも知りませんでした。

日本モンキーセンターでは、動物病院を見学し、獣医さんに話を聞くことができました。病院の治療室には、いろいろな器具が置かれています。部屋のまん中には手術台がありました。小さなサルだと、体重が300グラムぐらいのマーモセットを手術することもあるそうです。ヒヒは35キロぐらいあって重たいし、体ががっしりしているので、飼育員さんが数人で手術台にのせたりするそうです。テナガザルは、長いうでがダランとはみだしたりすることも。「大きなゴリラやチンパンジーは、どうするんですか？」と聞いたら、「手術台にのらないので、飼育場で麻酔をかけて、その場で治療します」と教えてくれました。

テレビドラマで見たことがある、手術のときに呼吸を助けたりするためにつけるマスク。サルの顔の大きさや形に合わせて、いろいろなマスクが用意されているんです。いちばん小さいのはやはりマーモセット用で、ほんとに小さかった！　心電図を測るコードをサルの体につけるクリップは、小さな金属製だったのを、痛くないように大きめのプラスチック製につけかえてありました。獣医さんが、同じ生き物としてサルと接していることがわかり、なんだかすてきでした。

治療には薬も必要です。サルはヒトに近いから、わたしたちと同じ薬を使ったりするそうです。日本モンキーセンターにはいろいろな種類のサルがいるし、1頭ごとにいちばん合った薬を出すため、部屋の中のたなにはたくさんの薬が置かれていました。漢方薬もありましたよ。日本モンキーセンターでは1年間で、1600から1700回も薬を調合するそうです。

それにしても、部屋には機械や器具がいっぱい。「これは心電図を測る機械です」「これは血液を調べる機械です」「これはレントゲンをとる機械です」と、治療だけでなく、獣医さんは検査もやるそうです。「薬の調合もするから薬剤師だし、健康管理もするから保健師だし、歯の治療もするから歯医者さんだし」って、スゴすぎます！

園内の動物病院

獣医さんと飼育員さんのチームワーク

日本モンキーセンターでは、「あれっ、なんかおかしいかも」と飼育員さんが感じたら、獣医さんが麻酔をかけに行き、早めに病院に連れてくるんですって。そして獣医さんが検査し、悪いところを早く発見して治療するというやりかたで、サルたちが健康にくらせるようにしているそうです。そのために大事なのは、飼育員さんがサルを毎日、ちゃんと観察して、体のようすや食欲などをチェックすること。そして必要なのは、獣医さんの経験と技術。「そのうえで、飼育員と獣医がしっかりと話をします。そして、どうするのかを決め、治療しています」と教えてくれました。

「麻酔って、どういうふうにしてかけるんですか？」と聞くと、獣医さんが部屋のかたすみにあった、細長い棒のようなものを手にされました。「吹き矢の筒です。これで麻酔薬が入った矢を飛ばします」といいながら、いろいろな矢を見せてくれまし

た。矢は長かったり短かったり、太かったり細かったりと、サルによって使いわけるそうです。「わたしが注意をひき、サルが気をとられて動かないうちに、獣医さんが吹き矢でフッ。どこでかまえるといいかなど、事前に飼育場まで来て、下調べされます。だから、失敗はありません。獣医さん、スゴいです」と飼育員さん。「でも、マンドリルは筋肉がかたいので、太ももに矢が当たったのにはじきかえされたこともあるんですよ」ですって。えっ、マンドリル、スゴすぎ！

「わたしたちヒトと同じようにサルをあつかわなきゃ、と感じることが多いです」と獣医さん。「顔を覚えていて、わたしを見かけるといやがったり……。でも入院したときに長くいっしょにいたりすると、ちょっとマシになったりするんですよ」

サルにも個性があって、けがをしてすごく痛そうにしているサルと、平気な顔をしているサルがいるそうです。これだけの痛み止めでだいじょうぶな場合と、もっとあたえないとダメな場合があったり。同じ治療をして同じ薬を飲ませても、治りかたがちがったりするんですって。

病院に連れていくと元気がなくなっちゃうから、飼育員さんが病院から薬をもらってきて、いつもいる飼育場で飲ませたりすることもあるそうです。「おおげさにアピールするサルもいますよ」と獣医さん。もう、ほんとにわたしたちと同じ！

飼育員さんたちの愛情

動物園でのひそかな楽しみが、飼育員さんとサルのかかわりを見ることです。部屋にもどる時間になっても入ってこないときに、飼育員さんが名前をよんでいる姿を目にしたりします。飼育員さんにはたいへんなことでしょうが、なんだか親子みたいで、いつもほっこりしてしまいます。

この本の取材でわたしが話を聞いているときも、「かまって、かまってーっ！」「遊ぼーっ！」といっているように、飼育員さんに猛アピールをするテナガザルがいました。赤ちゃんのころから飼育していたそうで、少しでも時間があれば遊び相手をし、いっしょにいる時間をたいせつにされていました。

新しく担当になった飼育員さんは、サルからすると「なんだ、あの新入りは？」という存在。おどしてきたり、無視したりと、サルにいろいろと試されるそうです。「どうしたら認めてもらえるか、どうしたらなかよくなれるかを考えて行動するんですよ」と飼育員さんが教えてくれました。

動物園でくらすサルたちが、どうしたらストレスが少なく、たいくつすることなく、健康でいられるかも考え、飼育員さんは試行錯誤されています。たとえば、観察しにくくなるけれど、グラウンドの中を木でいっぱいにするほうがサルたちにはいいことだから、そうするそうです。暑さ対策、寒さ対策も、サルたちの快適な生活には大事です。

野生では、必死に食べ物を探しまわりながら、ようやくありつける食事。動物園ではすぐに食べおわらないよう、わざといろんな場所にかくしたり、穴があいた筒状のフィーダーからえさを取りだすようにさせるなど、たくさんのくふうをされています。

このように、飼育員さんがサルたちに愛情をもち、同じ生き物として接している姿を見られるのも、動物園のすてきな一面なんです。

コラム

水田詩織はこんなヒト1

5

動物園を楽しもう

わたしのおすすめ“観察のしかた”

なんといっても動物園に行ったその日に、時間を変えてサルたちを何度も見ることがおすすめです。日本モンキーセンターにニシゴリラのタロウさんを訪ねたとき、最初は広い部屋のすみにちょこんとすわり、ハクサイをまるごとムシャムシャと食べていました。時間をおいてもう一度見に行くと、グラウンドで毛布を敷き、お昼寝中でした。いろんな姿が見られ、どれもかわいくてたまらなく、ニシゴリラがますます好きになりました。

もし、同じ日にそんなに長くとどまれないなら、べつの日に、いつもとちがう時間に行ってみることがおすすめ。時間によって、動物の過ごしかたがちがっているからです。昼過ぎの京都市動物園にはじめて行ったときのこと。ニシゴリラのモモタロウが、木の棒を手に持ったまますわり、じっと目を閉じていました。おなかがいっぱいで、ねむかったのかなぁ。それまで、そんな姿を見たことがなかったので、うれしかったです。

わたしが年間パスポートを買ってから２年ほどになります。何度も通い、いろいろな時間に行くけれど、「こんな姿、はじめて見た！」ということがつきなくて、おどろきと楽しさがいつもあります。この前は、ごはんを手に持ったまま寝ているフクロテナガザルを見かけました。このときもうれしかったです。

一日に何度も、日を変えて何度も観察すると、そのたびにちがった動きや表情をしているし、毎回新たな発見があるし、「あの動きや表情にはどんな意味があるのかな？」と考えたり、あとから調べたりしてどんどん動物たちのことを知っていく楽しさがたまらないです。

わたしは“ひとり動物園”が好きです。そのよさは、自分のペースやこだわりで動物園を楽しみながら、じっくりと動物たちを観察できること。だれかといっしょに行くよさは、「かわいい〜！」「へ〜ぇ」と声を出せること。ひとりのときは、あまり声に出せないですからね。そして、ひとり動物園でゲットした動物たちの情報を説明できること。また、人によって目のつけどころがちがっていて、「頭の毛、なんであんなにピンと立っているの？」とか、「あんな高いところに登って、落ちないの？」とか、“へーっ、そんなことが気になるのか”とわたしも共感できたりします。けっきょく、どちらもおすすめなのです。

飼育員さんのおすすめ“観察のしかた”

この本の取材で訪ねた動物園で、どの飼育員さんからも教えてもらった観察のしかたがあります。“個体の特徴を知って、名前を覚えよう”です。体のもようや顔のつくりなどが１頭ごとにちがうので、それを知って「だれ」と「だれ」を見分けられるようになると、わかってくることがたくさんあるそうです。

食べ物の好ききらい、好きな遊びかた、独特のしぐさみたいな個性や、なかがいいとか悪いとか、親子や兄弟などの関係もわかるようになるみたいです。くせなんかがわかったら、おもしろいかも。そうはいっても、飼育員さんのようにたくさんの個体を見分けるのはむずかしすぎる……。

飼育員さんに教えてもらいながら、わたしも挑戦したけれどムリでした。そんなわたしに、「１頭でもいいから個体がわかるようになれば、まるでスターに会えた気分になりますよ」と話してくれました。

「見ているだけでなく、絵にかいてみてください。動物園で見ながらでもいいし、帰ってから写真を見ながらでもいいので」という観察方法も聞きました。「だれかに見せるわけじゃないから、かんたんでオーケー。うまくかけなくてもだいじょうぶ。何度もやっていると、どこを見ればいいのかがわかってきますよ」とのこと。へーっ、そうなんだ。わたしも、今度やってみようと思います。

サルの動きを観察して、自分の体でまねしてみるというおもしろい方法も教えてもらいました。4本足でサルのように歩く、というのはかんたんにできそう。木の上は危ないけれど、じゅうぶんに気をつけながら公園の遊具にぶら下がったり、すわったりすると、サルが見ているけしきがわかり、どんな気分なのかを味わえるかも。わたしもゴリラをもっと観察して、モノマネにみがきをかけよーっ、と。

この時代だから、インターネットで得られる情報が観察の役に立つそうです。動物園のホームページや飼育員さんのSNSもたくさんあるので、そちらもチェックしてみてくださいね。

動物園フードのじゅうじつにビックリ！

動物園には、軽食、スイーツ、しっかりとおなかがいっぱいになる食事まで、わたしたち用のフードがじゅうじつしているところが多いです。サル沼(ぬま)にハマって動物園に通うようになるまで、そんなことをまったく知りませんでした。自撮(じど)り写真をSNS(エスエヌエス)で発信(はっしん)することもアイドルの大事な仕事なので、動物にちなんだ映(ば)えるメニューがあると、うれしくなっちゃいます！

わたしがはじめて口にした動物園フードは、天王寺(てんのうじ)動物園の「しろくまクレープ」と「キリンドッグ」です。「しろくまクレープ」は見た目がかわいいのはもちろん、バニラアイスとフルーツが入っていて食べごたえがあり、大満足(だいまんぞく)すぎました。キリンの顔と首の絵がかかれたパッケージに入った「キリンドッグ」は、首のように長ーく、おいしかったです。

日本モンキーセンターでは、モップくんという名のシロガオサキの顔に似(に)せてつくられた「モップくんカレー」を食べま

した。人気者のモップくんの見た目どおりでかわいく、味もほどよいからさで、ごはんとカレーの量のバランスもピッタリ！
　実際のモップくんの白いほほには茶色い部分があるので、白いごはんのほほに少しカレーをつけ、さらに似させてから食べるのがおすすめ！

　京都市動物園には、「ガッツリ」食事ができるレストランがあります。広びろとした窓から動物園を見ながら食事ができて最高！　選びぬかれた季節の野菜の料理、肉や魚の料理がバイキングで食べられます。

　そして、「ここが動物園？」と思えるほどキッチンカーがならんでいて、気軽に食べ物が買える動物園も多いです。動物園は散歩にちょうどよく、動物を観察しながらいい運動になって、おなかがすきます！　ベンチやテーブルがたくさんあって、ピクニック気分で食事ができるところも大好きなポイントです。

　動物を見るだけでなく、もっと楽しんでもらおうという動物園のスタッフさんの思いが動物園フードからも伝わってきて、すてきですね。最初は、かわいくて映える食べ物がめあてでもいいから、動物園に足を運んでみてください。そこからいろいろな動物や、わたしが大好きなサルたちに興味をもってくれる人がふえたらいいな。

こんなこと、どう思う？

動物園のサルたちはふつう、昼は外の運動場に出て、夜は部屋に入って過ごします。部屋の裏側で、チンパンジーを柵越しに観察しながら飼育員さんの話を聞く機会がありました。

ここに書き切れないほどたくさんの話をしてくださり、ヒトの子どもと同じくらいかしこいこと、楽しい、こわい、いかりなどの感情をもつことを知りました。それに、敵になる生き物がいて、危険がいっぱいの野生で生きていくチンパンジーは、まわりを見て警戒する力がわたしたちヒトよりずっとすぐれているはず。もし、わたしが自然の中に放りだされたら、もうぜったいにムリ！　チンパンジーって、すごくないですか！

そう考えると、チンパンジーに対してえらそうな態度をしちゃいけないと思います。それなのに、遠くから「おいっ！こっちー。チンパン、こっち来いよーっ！」と大きな声を出している人がいたりします。どうせなにもわかっていないし、目の前にやってこないから、どんなことをしてもだいじょうぶと思っているのかなぁ。

じつは、わたしが柵の前に立ったとき、チンパンジーはものすごく大きな声を出し、破って出てくるのではないかと思えるほどの力で柵をゆらしました。その場からはなれたいと思っても足を一歩も踏みだせないほど、わたしは圧倒されてしまいました。

でも、自分に置きかえてみると納得できました。もし、わたしの部屋に知らない人が急に訪ねてきて、じろじろとわたしのことを見たとしたら、きっと同じような行動をとるでしょう。これは極端な例かもしれませんが、わたしたちもこんなことをされたらいやだなあと感じるように、チンパンジーも同じように感じて、ストレスがたまるそうです。それなのに動物園には「ガラスをたたかないでください」「動物をびっくりさせないでください」という注意書きがあったりして、なんともいえず悲しい気持ちになることがあります。

すべての生き物と対等に、ぞれぞれのよいところやたりないところを尊重し合っていけたら、よりよい世界が築いていけるのではないかな？　みなさんはどう思いますか？

動物園が、わたしたちの目を野生動物や地球環境に向けさせ、いろいろな生命や、ともに生きることの大切さについて考えていくきっかけになったらいいなと思います。

コラム

水田詩織はこんなヒト2

おわりに

やっぱりわたしはサルが大好き！

ＮＭＢ４８の活動ではじめたゴリラモノマネをきわめるために、日本モンキーセンターのSNSでニシゴリラのタロウさんの画像を見ていたわたしは、ある日思いたちました。“実際にゴリラを見に行こう！”と。そして人生ではじめて、京都市動物園でゴリラに会ったのです。

なまで見るほんもののゴリラは、スマホの画面で見るのとはぜんぜんちがっていて、ビックリ！　家族でくらしていて、お父さんのモモタロウはどっしりと腰をおろし、大きなシルバーバックでわたしをお出迎えしてくれました。大きくて、銀色にかがやく背中がほんとうにかっこよくて、もしモモタロウが人間だったらひとめぼれしていたかも！　それくらい、衝撃的でした。

わたしがいちばん行きやすい大阪の天王寺動物園には、ゴリラがいません。でも、とりあえず年間パスポートをゲット！　サルがすむエリアに行ってみました。

そのときに出会ったシシオザルの子どもは、もう「ほんとうに、かわいらしい！」と感じられる“ちょうどいいサイズ”なんです。元気に動きまわるようすや、きらきらしたまなざしに、すっかりほれちゃいました。「会いたいな」「また、会いたいなあ……」と思って、多い時には週５回も通っていると（ほぼ毎日！）、最初はただかわいいとだけ思えたほかのサルたちにもひかれていきました。ここはわたしたちと似ているなあ、ここはちがうなあ、あの行動にはどんな意味があるのかなとふしぎに思い、知りたいことがあふれてきたのです。知りたくて、知りたくて、サルたちがどんどん好きになっていきました。

そうしてサル沼にどっぷりつかったわたしは、とても大事なことに気づきました。サルを見はじめたころには気づかなかったことに。どうしてサルたちは、こんなにも魅力的なんだろうという疑問の答えに。それは、サルたちの“純粋な姿”なんです。

こういうと、「イヌやネコでも同じでしょ」とよく返されます。もちろん、そのとおりです。でも、わたしたちヒトと近いなかまであるサルの純粋さが、わたしたちが生きていくときにたいせつにしなければならないことを教えてくれるのです。

チンパンジーについて書かれた本に「チンパンジーは絶望もしないし、希望ももたないのだろう」という文章を見つけ、ハッとさせられました。わたしは失敗すれば引きずるし、自分にもまわりにも期待や希望をもちすぎることが多かったからです。いっしゅん、チンパンジーのそんな生きかたがうらやましいと思ってしまいました。

でも、わたしたちヒトは絶望したり、よく考えて希望をもって前に進んでいったりするからこそ、より深い人間になっていくんだよな。わたしはこわいからとか、なやみたくないからとかいう理由で、そんな人間としての生きかたからはなれようとしていないか？ いっぽうで、なやむことなく、いま、このときをけんめいに生きていくことを忘れていないか？ そんな大事なことに気づかせてもらいました。

サルたちの話を飼育員さんから聞いた中で、とくに印象的だったのは「サルたちは区別はするけれど、差別はしない」ということばです。これにもハッとさせられました。動物園で見ていてもほんとうにそのとおりだし、わたしもそんな人でありたいです。

ねっ、名言集がつくれそうでしょう。わたし自身のことを考えなおすきっかけをつくってくれたサルたち。もう大好きで、魅力的すぎます！

2025年２月

水田詩織

これからの水田詩織さんやサル沼のみなさんへ

サルのなかまの魅力を発信しましょう!

日本モンキーセンター　飼育員　阿野隆平さん

ぜひ、みなさんに知っていただきたいのは“霊長類という同じ動物のなかま”だからこそ、わたしたちが動物園でサルのなかまを見ると、楽しめたり、愛したりできることがたくさんあるということです。水田さんはこの本で、「このサルのしぐさ、ヒトっぽい」「なんだか、ヒトの親子や兄弟みたい」ということや、「わたしたちヒトと、こんなに体のつくりがちがうの!?」「ヒトだと、こんなことありえない」ということをたくさん書いています。そんなことに気づいたり、感じたりできるのも、同じ霊長類のなかまだからです。そんななかまがどんなくらしをしているのかを実際に動物園で見て、ビビッときて、推しメンのサルが見つかったりすれば、動物園をさらに何倍も楽しめるようになるはずです。

そして、サル沼をさらに突きすすんでいくときにたいせつなのは、「だれかに伝える」ということです。伝えることで、自分がサル

のどんなところが好きなのかがはっきり見えてくるからです。さらに、サル沼にいるほかのだれかから「好きのポイント」を教えてもらったときの、「へーっ、そこなんだ」というおどろきを、さらに伝えていく。すると、「いろいろな好きや楽しみかたがあるんだ。サルっておもしろいな」という人がどんどんふえていくことでしょう。

この本で、サルたちのことをたくさんの人たちに伝えてくれている水田さん。プロのアイドルとして、ライブやステージなどの活躍の場で、広く、“おサル、サイコー！”と、もっともっと魅力を発信してくださいね。

ヒトみたいな行動からヒトについて考えてみましょう

京都市動物園 スタッフ　長尾充徳さん

動物園でサルを観察していると、わたしたちと似た行動を時どき見かけることがあって、水田さんは「なんだかヒトみたい」と書いていますね。でも、道具を使ったり、なかまと協力できたりするサルのなかまはほんのひとにぎりです。チンパンジーが細い枝を穴に差しこみ、アリ塚のアリを釣ると聞いたことがあると思います。このようなことは、ほかにはフサオマキザルなどのかぎられたサルにしかできません。それも、学習を積みかさねないとできるようにはならないのです。チンパンジーは、道具を使える親や兄弟などの近くでずっと観察し、まねをし、何度も失敗しながら、やがてできるようになっていきます。これなんかは、ほんとうにヒトみたいですね。

野生のゴリラの群れで、こんなことがあったそうです。わなで片うでをうしなった子どもを置いて、母親がほかの群れに移ってしまったのです。片うででは木に登ってえさを取れないから無事に育つことはない、と考えられていました。ところが数年後、その子は木登りができ、自分でえさを取れるまでに成長しました。なぜかというと、群れのなかまが木の上のえさを落として、わけてくれたからです。これも、ほんとうにヒトみたいです。

動物園で観察していて、サルたちのこのような行動に出くわしたときは、「似ているなあ」から一歩進んで、「わたしたちヒトはどのように進化したのだろう？」「ヒトって、いったいなんだろう？」ということを考えてみるのもいいでしょう。それこそが、サル沼にいるおもしろさかもしれませんよ、水田さん。

動物園を飛びだしてみましょう
天王寺動物園　飼育員　早川 篤さん

水田詩織さんはこの本の取材で飼育員からいろいろな話を聞き、それまでとは少しちがった観察ポイントなどを発見したのではないでしょうか。だから、この本に書かれたことを読んで、サルにあまり興味がなかった人たちにも動物園に行ってみようかなと思ってもらえたらうれしいですね。動物園では、この本に書かれた観察のポイントを思いだし、ゆっくり時間をかけてサルたちを見てください。なにか、新しい気づきが生まれるかもしれません。日本には各地に動物園があって、飼育員たちは自分が担当する動物を楽しく見てもらいたくて、あれこれとくふうしています。だからサルだけではなく、ほかの動物たちもゆっくり見てください。

はじめて行く動物園では、見たことがなかった動物に出会えることがあります。それまで見たことがある動物でも、1頭ごとに年齢、大きさや色合いなども微妙にちがうものです。写真にとり、たとえば顔をくらべてみたりすることもおもしろいですよ。そうしたことを積みかさねると、同じように見えていた動物たちのちがいがわかるようになっていきます。クラス分けがあって、はじめはわかりにくかった友だちの顔や個性が、毎日会っているとわかるようになるのと同じです。水田さんもアイドルグループでの、そんな体験を書かれていましたね。

そして動物園以外に、野生のニホンザルに出会える公園もあります。動物園は世界中にあるし、野生のオランウータンやゴリラを見ることもできます。水田さん、そしてサル沼にハマったみなさんも動物園を飛びだして、サルたちについての学びをこれからも続けてくださいね。

チンパンジーは絶望もしないし、希望ももたないのだろう

京都市動物園 副園長 田中正之さん

「おわりに」で水田詩織さんが、「チンパンジーは絶望もしないし、希望ももたないのだろう」という文章を紹介しています。この話題は、以前わたしがいた研究施設でくらしていて、突然首から下が動かなくなる重い病気になったレオという名前のチンパンジーについて、わたしの先生が書かれた文章の中にあります。水田さんはこの本を書くときに、わたしが差しあげた『人間とは何か チンパンジー研究から見えてきたこと』(松沢哲郎・編/2010年/岩波書店)という本でこの文章に出会い、好きなサルのことをとおして自分の生きかたを見つめ直しています。

そんな水田さんに、わたしが看病にかかわったときのことをお話ししましょう。首から下がまったく動かなくなったレオのようすを見て、当時チンパンジーの世話をしていたメンバーはみな、絶望的な気持ちになったと思います。もし、自分が同じようなことになったら、不安で押しつぶされそうになるでしょう。でも、レオはまったく平気なのです。動く首から上を使い、のどがかわいたら差しだされたストローから水を飲むし、気に入らないことがあったらストローで吸った水を吹きかけてきたりしました。自分ができることで、抗議する気持ちを伝えてきたのです。

きっとチンパンジーはあしたのこと、ましてや1年先、5年先のことを考えていなくて、ただただいまを、一生けんめい生きているから、そうやって過ごしていけるのです（まあ、5分くらい先は見ているかもしれませんが）。24時間態勢で世話をしながらそんな姿を見ていて、希望をもたないかわりに絶望もしないのだなと、先生が書いたその文章にとても共感したのでした。

その後レオは回復に向かい、リハビリなどもおこなって、両手を使って移動できるようになりました。24歳で病気になり、42歳で亡くなるまでの18年間、それ以前と変わらず、せいいっぱい生きたのだと思います。彼（レオ）のことは、ほかの本や講演などで、多くの人が知ることになりました。そして、たくさんの人にいろんなことを考えさせてくれたのだと思います。もう15年以上前のことですが、若い水田さんの心にもなにかを残したのだとしたら、チンパンジーってやっぱりスゴイと思います。

著者／水田詩織（NMB48）

監修／田中正之（京都市動物園副園長、生き物・学び・研究センター長）

イラスト／阿野隆平（日本モンキーセンター飼育員）
編集協力・撮影／クニトモタカシ
装丁・本文デザイン／大悟法淳一、大山真葵、柳沢 葵（ごぼうデザイン事務所）

取材協力／京都市動物園、天王寺動物園、日本モンキーセンター

写真提供（掲載した写真は、専門家立ち会いのもと安全性を考慮して撮影しています）

クニトモタカシ（p10〜14、p18、p28〜83、p86〜87、p89、p91〜93、p95、p97〜99、p101、p103〜105、p124、p134）

阿野隆平・日本モンキーセンター（p91／ニホンザルの鼻、p97／チンパンジーの足、p103／ニシゴリラの冬の毛・ベルベットモンキーの毛、p105／マンドリルの尻だこ・ニシゴリラのお尻）

京都市動物園（p87／フサオマキザルの目・ニシゴリラの目、p91／フサオマキザルの鼻、p93／マンドリルの犬歯、p97／チンパンジーの手のひら、p99／レッサースローロリスのかぎ爪）

（以上、順不同）

サル好きアイドルが飼育員さんに聞いてみた

2025年3月15日　初版第1刷発行

著　者／水田詩織
発行人／泉田義則
発行所／株式会社くもん出版
〒141-8488
東京都品川区東五反田2-10-2　東五反田スクエア11F
電話　03-6836-0301（代表）
03-6836-0317（編集）
03-6836-0305（営業）
ホームページアドレス　https://www.kumonshuppan.com/
印刷所／三美印刷株式会社

NDC480・くもん出版・144P・19cm・2025年・ISBN978-4-7743-3820-0

CD34668